IPA

Forschung und Praxis · Band 40

Berichte aus dem Fraunhofer-Institut für Produktionstechnik und Automatisierung, Stuttgart, und dem Institut für Industrielle Fertigung und Fabrikbetrieb der Universität Stuttgart

Herausgeber: Prof. Dr.-Ing. H. J. Warnecke

Dietrich Wolfhard

Schichtdickenverteilung auf galvanisierten Paßteilen am Beispiel kleiner abgesetzter Wellen und Bohrungen

Mit 83 Abbildungen

Springer-Verlag
Berlin Heidelberg New York 1980

Dipl.-Ing. Dietrich Wolfhard
Fraunhofer-Institut für Produktionstechnik und Automatisierung (IPA), Stuttgart

Dr.-Ing. H. J. Warnecke
o. Professor an der Universität Stuttgart
Fraunhofer-Institut für Produktionstechnik und Automatisierung (IPA), Stuttgart

D 93

ISBN-13: 978-3-540-10373-8 e-ISBN-13: 978-3-642-47927-4
DOI: 10.1007/978-3-642-47927-4

Gesamtherstellung: Drucken + Werben GmbH · Löwenstraße 94 · 7000 Stuttgart 70 · Telefon (07 11) 76 49 59.

2362/3020—543210

Geleitwort des Herausgebers

Die Entwicklungen in der Produktionstechnik in den letzten Jahrzehnten haben entscheidend zur positiven wirtschaftlichen und sozialen Entwicklung in der Bundesrepublik Deutschland beigetragen. Die Produktivität konnte jedes Jahr um durchschnittlich etwa 3,5 % gesteigert werden. Mechanisierung und Automatisierung wurden und werden stetig weiter vorangetrieben. Während es sich bisher jedoch um Verbesserungen an einzelnen Maschinen und Anlagen sowie Verfahren handelte, werden heute alle Unternehmensbereiche erfaßt, und man ist bemüht, das gesamte System Unternehmen bzw. Produktionsbetrieb zu optimieren. Das klassische Bemühen um Optimierung des Einsatzes und Zusammenwirkens der Produktionsfaktoren Mensch, Maschine und Material muß heute erweitert werden um die Berücksichtigung sozialer Belange, gesetzlicher Auflagen, Probleme der Energieversorgung, schnellen Veränderungen an den Produkten und auf den Märkten sowie Sicherung der Qualität und der Lieferfähigkeit.

Von wissenschaftlicher Seite wird und muß dieses Bemühen unterstützt werden durch die Entwicklung von Methoden und Vorgehensweisen zur systematischen Analyse und Verbesserung des Systems Produktionsbetrieb. Hier ist heute insbesondere auch der Fertigungsingenieur gefordert, nicht nur einzelne Maschinen und Verfahren zu beherrschen, sondern das gesamte komplexe System hinsichtlich der Verknüpfung seiner Elemente durch zweckmäßigen Informations- und Materialfluß. Beispielhaft seien dazu nur hinsichtlich des Informationsflusses die heute gegebenen Möglichkeiten der Datenerfassung und -verarbeitung in Fertigungsplanung und -steuerung, an den einzelnen

Produktionsanlagen sowie im Qualitätswesen genannt. Im Materialfluß geht es um richtige Auswahl und Einsatz von Fördermitteln, Förderhilfsmitteln sowie Anordnung und Ausstattung von Lägern. Der weiteren Automatisierung in der Handhabung von Werkstücken und Werkzeugen sowie der Montage von Produkten wird in nächster Zukunft allergrößte Aufmerksamkeit geschenkt werden. Leistungsfähige Sensoren werden die Möglichkeiten dafür sehr stark vergrößern.

Die beiden vom Herausgeber geleiteten Institute, das Institut für Industrielle Fertigung und Fabrikbetrieb der Universität Stuttgart sowie das Fraunhofer-Institut für Produktionstechnik und Automatisierung in Stuttgart, arbeiten in grundlegender und angewandter Forschung intensiv an den aufgezeigten Entwicklungen in der Produktionstechnik mit. Zur Umsetzung gewonnener Erkenntnisse wird die Schriftenreihe "IPA Forschung und Praxis" herausgegeben. Der vorliegende Band setzt diese Reihe fort, eine Übersicht über bisher erschienene Titel wird am Schluß dieses Bandes gegeben.

Dem Verfasser sei für die geleistete Arbeit gedankt, dem Springer-Verlag für die Aufnahme dieser Schriftenreihe in seine Angebotspalette und der Druckerei für saubere und zügige Ausführung. Möge das Buch von der Fachwelt gut aufgenommen werden.

Hans-Jürgen Warnecke

Vorwort

Die vorliegende Arbeit habe ich während meiner Tätigkeit als wissenschaftlicher Mitarbeiter am Fraunhofer-Institut für Produktionstechnik und Automatisierung, Stuttgart begonnen.

Herrn Professor Dr.-Ing. H.J. Warnecke, Inhaber des Lehrstuhls für Industrielle Fertigung und Fabrikbetrieb der Universität Stuttgart und Direktor des Fraunhofer-Instituts für Produktionstechnik und Automatisierung Stuttgart,bin ich für die Anregung zu der Arbeit und die immer gegebene Unterstützung und Förderung zu großem Dank verpflichtet.

Herrn Professor Dipl.-Ing. Ing.(grad.) A. Jung, Inhaber des Lehrstuhls für Konstruktion und Fertigung in der Feinwerktechnik der Universität Stuttgart danke ich sehr für seine Bereitschaft zur kritischen Durchsicht des Manuskripts und für seine wertvollen Hinweise.

Bedanken möchte ich mich ferner bei den Mitarbeitern der Hauptabteilung Produktionsverfahren des Fraunhofer-Instituts für ihre Hilfsbereitschaft und die fruchtbaren Diskussionen, die mir beim Durchführen der Arbeit von großem Nutzen waren.

Stuttgart 1980 Dietrich Wolfhard

Seite

Seite

Seite

Schrifttum

Literatur :

/1/ Lueger, O.: Lexikon der Technik, Bd. Feinwerktechnik. 4. Aufl. Stuttgart 1967.

/2/ N.N.: Korrosionsbeständigkeit galvanisierter Bauteile der Feinmechanik und des Gerätebaus in Abhängigkeit von Werkstückgestalt und Fertigungsfolge. Forschungsvorhaben 9.4/1 Dechema/KKS; durchgeführt am Fraunhofer-Institut für Produktionstechnik und Automatisierung (IPA), Stuttgart.

/3/ Kellermann, R. u. H.-Ch. Klein: Galvanische Niederschläge an Gewinden. Werkstattstechnik u. Maschinenbau 46 (1956), S. 298-305.

/4/ Baumann, K.: Schichtdickenverteilung an korrosionsgeschützten Bolzengewinden. IfL-Mitt. 4 (1965), S. 375-380.

/5/ Baumann, K.: Über Untersuchungen an galvanisch verzinkten Muttern. die Technik 24 (1969), S. 123-126.

/6/ Wälde, Th.:Schichtdickenmessung an Bauteilen für Kegelsitze. Unveröffentlichter Prüfbericht. Institut für Produktionstechnik und Automatisierung (IPA), Stuttgart 1975.

/7/ Wälde, Th.: Streuung der Schichtdickenwerte beim Gestell- und Trommelgalvanisieren. Unveröffentlichte Diplomarbeit am Institut für Industrielle Fertigung und Fabrikbetrieb der Universität, Stuttgart 1975.

/8/ Buß, G.: Galvanisiergerechtes Gestalten. Handbuch der Galvanotechnik, Band I/1. Hrsg.: Dettner, W. u. J. Elze. Carl Hanser Verlag, München 1963.

/9/ Kubach, G.: Galvanisiergerechtes Konstruieren. ZwF 61 (1966), S. 112-117.

/10/ Oehler, G.: Galvanisiergerechtes Konstruieren von Blechteilen. Industrie-Anzeiger 80 (1961), S. 1521-1523.

/11/ Oehler, G.: Konstruktion oberflächenbehandelter Blechteile. Fachberichte für Oberflächentechnik 5 (1967), S. 39-43.

/12/ Beyer, H.: Galvanisiergerechtes Konstruieren. Industrie-Anzeiger 92 (1970), S. 822-825.

/13/ N. N.: Galvanisiergerechtes Gestalten von Werkstücken. International Nickel Deutschland GmbH, Düsseldorf 1967.

/14/ Layton, D. N.: Galvanisiergerechtes Gestalten von Werkstücken. Technische Rundschau 63 (1971), S. 27-31.

/15/ Brussig, P.: Galvanisiergerechtes Konstruieren. IfL-Mitt. 12 (1973), S. 79-86.

/16/ Elssner, K. G.: Galvanisiergerechtes Konstruieren. Das Industrieblatt (1959), S. 460-464.

/17/ Dalby, S., J. Nickelsen u. L. Alting: Metal Distribution in Electroplating. Electroplating and Metal Finishing 28 (1975), H. 11, S. 18-23.

/18/ Steiner, J. u. K. Scherg: Der Einfluß von Blenden und besonders geformten Anoden auf die Tiefenstreuung in galvanischen Bädern. Metalloberfläche 4 (1952), S. B113-B116.

/19/ Weiler, G. G.: Galvanoformung zur Herstellung großer Erodierelektroden. Dr.-Ing. Diss. Universität Stuttgart 1975.

/20/ Weiler, G. G.: Berechnung der Dicke von elektrolytisch abgeschiedenen Metallschichten. Metalloberfläche 30 (1976), S. 26-30 u. 115-120.

/21/ Farkas, S., S. Sugar u. F. Hasko: Das Berechnen der Schichtdickenverteilungen auf Gewindeteilen durch den Computer. IV. Galvanotechnisches Symposium, Teil 1. Budapest 1973, S. 121-127.

/22/ Weber, J. A.: Primäre Stromverteilung in elektrolytischen Zellen-Modellen mit diskreter Kathode. Oberfläche-Surface 16 (1975), S. 192-197.

/23/ Rousselot, R. H.: Les méthodes modernes de détermination de la repartition du courant. Galvanotechnik + Oberflächenschutz 8 (1967), S. 68-75.

/24/ Rousselot, R. H.: Les auxiliaires d'améliration de la répartition du courant. Chrome dur (1961/62) H. 2, S. 21-34.

/25/ Bolch, T. u. G. G. Weiler: Kathodische Stromverteilung in schwefelsauren Kupferelektrolyten. Metalloberfläche 29 (1975), S. 386-390.

/26/ Raub, E. u. K. Müller: Über die Streufähigkeit galvanischer Bäder. Metalloberfläche 15 (1961), S. 261-264 und S. 293-301.

/27/ Raub, E.: Untersuchungen über die Verteilung galvanischer Metallauflagen. Metalloberfläche 12 (1958), S. 353-360.

/28/ Bollinger, H., W. Fleischer u. H. Cornelius: Ergebnisse bei der additiven Herstellung von durchkontaktierten Leiterplatten. Galvanotechnik 66 (1975), S. 899-902.

/29/ Rüegg, W.: Oberflächenbehandlung von Zinkdruckguß. Juris Druck + Verlag, Zürich 1970.

/30/ Raub, E. u. K. Müller: Grundlagen der Metallabscheidung. Handbuch der Galvanotechnik, Bd I/1. Hrsg.: Dettner, W. u. J. Elze. Carl Hanser Verlag, München 1963.

/31/ v. Krusenstjern, A.: Konzentrationsveränderungen in galvanischen Bädern. Metalloberfläche 13 (1959), S. 391-393.

/32/ Ibl, N.: Die Diffusionsschicht bei der Elektrolyse und deren Bedeutung für die Struktur elektrolytischer Metallniederschläge. Galvanotechnik + Oberflächenschutz 4 (1963), S. 265-279.

/33/ Fischer, H.: Elektrolytische Abscheidung und Elektrokristallisation von Metallen. Springer Verlag, Berlin, Göttingen, Heidelberg 1954.

/34/ Ibl, N.: Die Rolle des elektrolytischen Stoff- und Ladungstransports in der Elektrometallurgie. Erzmetall 22 (1969), S. B 87-B 98.

/35/ Jürging, K.: Betrachtungen zur Theorie und Praxis der Galvanotechnik. Galvanotechnik 53 (1962), S. 515-526.

/36/ Kortüm, G.: Lehrbuch der Elektrochemie. Verlag Chemie, Weinheim/Bergstraße, 1962.

/37/ Ibl, N.: La distribution du courant dans l'électrolyse. Oberfläche Surface 16 (1975), S. 23-32.

/38/ Javet, Ph., N. Ibl u. H.E. Hintermann: Zur Kenntnis der Kinetik des Verbrauchs eines einebnenden Zusatzes (Thioharnstoff) bei der elektrolytischen Nickel-Abscheidung. Galvanotechnik + Oberflächenschutz 8 (1967), S. 231-237.

/39/ Field, S.: Some Aspects of Throwing Power. Metal Ind. (London) 40 (1932), S. 403-406.

/40/ Zerweck, L.: Messung der Streufähigkeit von Elektrolyten zum elektrochemischen Oberflächenabtragen. Metalloberfläche 30 (1976), S. 212-220.

/41/ Hoar, T.P. u. J.N. Agar: Factors in Throwing Power illustrated by Potential-Current Diagramms. Disc. Faraday Soc. 1 (1947), S. 162-168.

/42/ Müller, K.: Mechanismus der elektrolytischen Metallabscheidung. Das Industrieblatt 62 (1962), S. 565-569.

/43/ Rockstroh, K., R. Klinger u. P. Thate: Der Oberflächenschutz in der feinmechanischen Industrie. 5. Fachtagung Galvanotechnik, Leipzig 1973.

/44/ Brugger, R.: Die galvanische Vernicklung. Eugen G. Leuze Verlag, Saulgau 1967.

/45/ Knödler, A.: Hydrolyse und Pufferung in Nickelbädern. Galvanotechnik 69 (1978), S. 288-298.

/46/ Paatsch, W.: Probleme der Wasserstoffversprödung unter besonderer Berücksichtigung galvanotechnischer Prozesse. VDI-Berichte Nr. 235 (1975), S. 97-101.

/47/ Raub, E.: Das Verhalten des Wasserstoffs bei der galvanischen Abscheidung von Metallen. Galvanotechnik 60 (1969), S. 348-353.

/48/ Steeg, H.-J.: Die elektrolytische Abscheidung von Zink, Cadmium und Zinn. Jahrb. Oberflächentechnik 31 (1975), S. 141-149.

/49/ Meyer, W.: Der heutige Stand der Zinkabscheidung aus alkalischen und sauren Elektrolyten. Informationsschrift der Schering AG, Berlin 1975.

/50/ Tostmann, K.-H.: Fortschritte in der Galvanotechnik. Galvanotechnik 67 (1976), S. 107-118.

/51/ Knaak, E.: Stand der Verzinkungs- und Chromatierverfahren. Galvanotechnik 66 (1975), S. 200-205.

/52/ Immel, W.: Der gegenwärtige technische Stand der galvanischen Verzinkung unter besonderer Berücksichtigung der neueren schwachsauren Elektrolyte. Galvanotechnik 61 (1970), S. 377-382.

/53/ Schwarz, K.: Galvanisches Verzinken - sauer und alkalisch. Fachberichte Oberflächentechnik 11 (1973), S. 175-177.

/54/ Burkhardt, W.: Über den Einfluß von Werkstück und Galvanisiergestell auf die Metallverteilung galvanischer Schutzüberzüge. Metall 17 (1963), S. 872-880.

/55/ Gruschwitz, D.: Abhängigkeit der maximalen Schichtdicke auf Wellenabsätzen von den geometrischen Badbedingungen und der eingestellten mittleren Stromdichte. Unveröffentlichte Studienarbeit am Institut für Industrielle Fertigung und Fabrikbetrieb der Universität, Stuttgart 1975.

/56/ Paatsch, W.: Probleme der Wasserstoffversprödung in der Galvanotechnik. Galvanotechnik 66 (1975), S. 453-461.

/57/ Wisdom jun. u. E. Norvell: Verfahren zur elektrolytischen Metallabscheidung. DOS 2 221 907 Offenlegungstag 11.1.1973.

/58/ Ciambrone, D.F.: Gold Plating in the Bubble Phase. Metal Finishing (1972), H. 8, S. 45-48.

/59/ Sachs, L.: Statistische Auswertungsmethoden. Springer Verlag, Berlin, Heidelberg, New York 1969.

/60/ Kerber, B. u. C. Nebel: Schichtdickenstreuungen auf und zwischen den Einzelteilen einer Massengalvanisation. Metalloberfläche 31 (1977), S. 196-203.

/61/ Geissmann, W.C. und R. A. Carlson: Current Distribution in Barrel Plating - A statistical Study. Proc. AES 39 (1952), S. 153-165.

/62/ Craig, S.E. u. R.E. Harr: A Theory of Metal Distribution During Barrel Plating. Plating 60 (1973), S. 617-621 und 61 (1974), S. 1101-1110.

/63/ Nobel, F. J. u. D. W. Thomson: Metal Distribution in Barrel Gold Plating. Plating 57 (1970), S. 469-474.

/64/ Nobel, F. J., R. B. Kessler u. D. W. Thomson: The Use of Statistical Methods to Reduce Costs in the Barrel Gold Plating od Difficult-to-Plate. Electronic Components. Plating 58 (1971), S. 1190-1202.

/65/ Barret, P. L., J. K. Dennis u. B. C. Cox: A Statistical Approach to Barrel Plating. Trans. Inst. Met. Finishing 53 (1975), S. 103-108.

/66/ Wallbank, A.W. u. D.N. Layton: The Plating of Screw Threads. Trans. Inst. Met. Finishing 32 (1955), S. 308-348.

/67/ Meyer, W.: Über das Massengalvanisieren in Glocken und Trommeln bei erhöhten Stromdichten. Oberfläche 8 (1968), S. 93-96 u. 144-150.

/68/ Kühn von Burgsdorff, J. W. u. Ch. J. Raub: Untersuchung der Schichtdickenverteilung auf galvanisch veredelten Massenteilen. Metalloberfläche 22 (1968), S. 38-40.

/69/ Roth, E.: Die Metallverteilung bei der Vergoldung in Trommeln aus statistischer Sicht. Galvanotechnik 62 (1971), S. 757-773.

/70/ Kerber, B. u. Ch. J. Raub: Untersuchungen zur Massengalvanisierung. Metalloberfläche 28 (1974), S. 293-332.

/71/ Lieber, H.-W.: Metallverteilung, Schichtdicke und Toleranzen. Jahrbuch Oberflächentechnik 20 (1965), S. 118-127.

/72/ Stuhlmann, W. u. P.-W. Schmidt: Statistische Tolerierung als Problem der Fertigung und der Prüfung. Werkstattstechnik 55 (1965), S. 585-589.

/73/ Hanka, W. u. R. Hase: Die Häufigkeitsverteilung der Summentoleranzen von zusammenbauten Teilen. Werkstattstechnik 55 (1965), S. 590-593.

/74/ Howe, D., M. Mc Cormick, C. Yonnet u. G. Clossop: Computer-aided Electrodeposition Technology and Jig Design. Finishing Industries (1979) H.1, S. 34, 37, 38, 42, 44.

/75/ N.N.: Untersuchungen des Einflusses der Leitfähigkeit und des spezifischen Widerstandes auf den Umgriff von Elektrotauchlacken. Forschungsvorhaben Nr. 4126 der AIF (Arbeitsgemeinschaft Industrieller Forschungsvereinigungen e.V., Köln) in Arbeit am Fraunhofer-Institut für Produktionstechnik und Automatisierung (IPA), Stuttgart.

/76/ Hart, A.C.: Anodische Passivierung und Auflösung von nicht aktiviertem Nickel in Nickelsulfat/-chloridelektrolyten. Fachberichte für Oberflächentechnik 12 (1974), H.2, 6 Seiten.

/77/ Watson, S.A.: Die technische und praktische Bedeutung von "S"Nickel. Galvanotechnik 63 (1972), H. 3.

/78/ Wagner, C.: Theorie und Experiment in der elektrochemischen Verfahrenstechnik. Chemie-Ingenieur-Technik 32 (1960), S. 1-8.

/79/ Barghoorn, H.: Meßverfahren für Oberflächenschutzschichten. Dr.-Ing. Diss. TH Dresden 1953.

/80/ Barghoorn, H.: Vergleichende Untersuchungen von Schichtdickenmeßverfahren. Metalloberfläche 7 (1955), S. 8B-11B, 20B-25B und 36B-38B.

/81/ Hippelein, K.: Einfluß der elektrochemischen Parameter auf die Schichtdickenverteilung. Unveröffentlichte Studien- und Diplomarbeit am Institut für Industrielle Fertigung und Fabrikbetrieb der Universität, Stuttgart 1976.

/82/ Weiler, G.G. u. Th. Bolch: Dynamische Messung der Stromverteilung der Kathoden. Galvanotechnik 66 (1975), S. 785-788.

/83/ Klein, H.G. u. D. Kuron: Elektrochemische Messungen an chemisch abgeschiedenen Nickel-Leitschichten bei galvanisierten ABS-Kunststoffen. Metalloberfläche 28 (1974), S. 383-339.

/84/ Piontelli, R. u.a.: Meßmethoden der Polarisationsspannungen II. Zeitschrift für Elektrochemie 58 (1954), S. 54-64.

/85/ Raub, E.: Galvanische Niederschläge aus Chlorid- und Sulfatlösungen. Metalloberfläche 9 (1955), S. 88A-93A.

/86/ Fischer, G.: Voraussetzungen zur Erzielung gleichmäßig dicker galvanischer Überzüge. Galvanotechnik 56 (1965), S. 132-137.

/87/ Bouckley, D. u. S.A. Watson: The optimum utilisation of nickel in elektrodeposition. Electroplating and Metal Finishing 20 (1967), S. 303-310.

/88/ Wälde, Th.: Maß- und Formgenauigkeit beim Galvanisieren feinmechanischer Teile. Unveröffentlichte Studienarbeit am Institut für Industrielle Fertigung und Fabrikbetrieb der Universität Stuttgart, Stuttgart 1973.

/89/ Strohmer, E.: Abhängigkeit der maximalen Schichtdicke auf Wellenabsätzen von der Bad- und Warenbewegung und der Verrundung der Wellenabsätze. Unveröffentlichte Studienarbeit am Institut für Industrielle Fertigung und Fabrikbetrieb der Universität, Stuttgart 1975.

/90/ Watson, S.A. u. J. Edwards: An Investigation of the Mechanism of Levelling in Electrodeposition, Trans. Inst. Met. Finishing 34 (1957), S. 167-198.

/91/ Osterwald, J.: Einebnung und Aufrauhung durch Inhibitoren und Katalysatoren. Oberfläche-Surface 17 (1976), S. 89-94.

/92/ Kardos,O.: Levelling and Microthrowing Power. Proc. Surface 66. Forster Verlag, Zürich 1967, S. 62-72.

/93/ Raub, E. u. A.v. Krusenstjern: Makrostreuung, Mikrostreuung und Einebnung galvanischer Bäder. Metall 14 (1960), S. 521-524.

/94/ Braun, M. u. N. Ibl: Erzeugung glatter Kupferniederschläge unter Grenzstrombedingungen. Oberfläche-Surface 14 (1973), S. 49-52.

/95/ Dutschke, W.: Qualitätsregelung in der Fertigung. Springer Verlag, Berlin, Göttingen, Heidelberg, 1964.

/96/ Klingert, J.A., S. Lynn u. C.W. Tobias: Evaluation of Current Distribution in Electrode Systems by High-Speed Digital Computers. Electrochimica Acta 9 (1964), S. 297-311.

/97/ Haskô, F., S. Farkas, R. Fâth, P. Bujtas u. J. Kunkel: Untersuchungen zur Entwicklung galvanischer Elektrolyte mit hoher Streufähigkeit. Bericht über die 10. Jahrestagung der Deutschen Gesellschaft für Galvanotechnik e.V. (DG), 1972, S. 206-220.

/98/ Jung, A. u. P. Kinast: Ergänzungen zur Vorlesung Konstruktionslehre III(Feinwerktechnik). Vorlesungsmanuskript zur Vorlesung Konstruktionslehre III von Prof. Dipl.-Ing.Ing. (grad.) Artur Jung, Institut für Konstruktion und Fertigung in der Feinwerktechnik der Universität Stuttgart, 1978.

Verwendete Normen:

DIN 1 623 Kaltgewalztes Band und Blech aus weichen unlegierten Stählen

DIN 7 154 ISO-Passungen für Einheitsbohrung

DIN 7 182 Toleranzen und Passungen

DIN 7 186 Statistische Tolerierung

DIN 50 918 Elektrochemische Korrosionsuntersuchungen

DIN 50 950 Mikroskopische Messung der Schichtdicke

DIN 50 961 Zinküberzüge auf Eisenwerkstoffen

DIN 50 967 Nickel-Chrom-Überzüge auf Stahl-, Kupfer- und Zinkwerkstoffen sowie Kupfer-Nickel-Chrom-Überzüge auf Stahl- und Zinkwerkstoffen

DIN 58 700 Toleranzfeldauswahl für die Feinwerktechnik (Teil 1, Teil 2)

0.3 Abkürzungen

		Seite
A	Anode	81
Anode 50 (A 50)	Anode, Abmessung 50 mm x 50 mm x 10 mm	81
Anode 100 (A100)	Anode, Abmessung 100 mm x 100 mm x 10 mm	81
Anode 200 (A200)	Anode, Abmessung 200 mm x 200 mm x 10 mm	81
Anode 400 (A400)	Anode, Abmessung 400 mm x 400 mm x 10 mm	81
Behälter G	großer Elektrolysebehälter	78
Behälter M	mittlerer Elektrolysebehälter	78
Behälter K	kleiner Elektrolysebehälter	78
Elektrolyt A, Elektrolyt B, Elektrolyt C, Elektrolyt D, Elektrolyt E, Elektrolyt F, Elektrolyt G, Elektrolyt H	Glanznickelelektrolyte verschiedener Hersteller mit bekannter Zusammensetzung des anorganischen und unbekannter Zusammensetzung des organischen Elektrolytanteils	69
Elektrolyt a, Elektrolyt b, Elektrolyt c, Elektrolyt d, Elektrolyt e, Elektrolyt f, Elektrolyt g, Elektrolyt h	Glanz-Zinkelektrolyte verschiedener Hersteller mit bekannter Zusammensetzung des anorganischen und unbekannter Zusammensetzung des organischen Elektrolytanteils	72
K	Kathode	132
Tr_1	Galvanisiertrommel 1	142
Tr_2	Galvanisiertrommel 2	142
Tr_3	Galvanisiertrommel 3	142
Anmerkung zu Kapitel 5:		136

A_o; A_u bzw. T_B; T_W bezeichnen Abmaße bzw. Toleranzen, die in der Konstruktionszeichung für Paßteile gefordert werden

A_o'; A_u' bzw. T_B'; T_W' bezeichnen Abmaße bzw. Toleranzen von Paßteilen nach der Vorfertigung (Fertigung vor dem Galvanisieren)

A_o''; A_u'' bzw. T_B''; T_W'' bezeichnen Abmaße bzw. Toleranzen von Paßteilen nach dem Galvanisieren

Anmerkung zu Kapitel 2:

Richtungsdefinition und Darstellung der Zählpfeile bei elektrischen Vorgängen erfolgte nach /98/.

Anmerkung zu Kapitel 4 und 7.3:

Alle gemessenen Potentiale sind bezogen auf die Normalwasser stoffelektrode.

0.4 Größen, Formelzeichen und Einheiten

			Seite
A_A	dm^2	wirksame Anodenfläche	133
A_B	dm^2	Querschnitt einer Elektrolyse-Teilzelle	57
A_K	dm^2	wirksame Kathodenfläche	31
A_o	µm	oberes Abmaß eines Paßmaßes	32
A_u	µm	unteres Abmaß eines Paßmaßes	32
a_{ec}	µm	Abtrag beim elektrochemischen Entgraten in Badanlagen	119
b	mm	Breite der Versuchsteile mit Bohrung	72
Cl^-	g/l	Chloridionengehalt	70
c	mm	Abstand zwischen Meßpunkt und Werkstückkante	161
c_B	µm	Abstand zwischem dem Schichtdickenmaximum in der Bohrung und der Bohrungskante	74
c_W	µm	Abstand zwischen dem Schichtdickenmaximum auf dem Wellenabsatz und der Wellenabsatzkante	74
D	mm	Wellendurchmesser	72
d	mm	Wellenabsatzdurchmesser	72
d_B	mm	Bohrungsdurchmesser	72
d_{Bg}; d_{Bk}	mm	Bohrungsgrößtmaß; Bohrungskleinstmaß	32
d_g; d_k	mm	Wellenabsatzgrößtmaß; Wellenabsatzkleinstmaß	32
$d_{T\perp}$	mm	Perforationsdurchmesser	143
Δd_W; Δd_B	µm	Paßmaßänderung der Welle; der Bohrung	146
Δd_{oW}; Δd_{oB}	µm	größte zulässige Paßmaßänderung der Welle; der Bohrung	148
Δd_{uW}; Δd_{uB}	µm	kleinste zulässige Paßmaßänderung der Welle; der Bohrung	148
e	mm	Abstand zwischen Trennebene und Symmetrieachse bei einem Versuchswerkstück	162
e_{AK}	mm	Entfernung zwischen Anode und Kathode	79
F	N	Meßkraft	158
F_C	$A \cdot s/mol$	Faraday-Konstante	31

f	mm	Abstand zwischen Kapillarenöffnung und Kathodenoberfläche	168
f_H	1/min	Frequenz der Werkstückbewegung	82
f_{sW}; f_{sB}	%	Fehler beim Bestimmen der größten Schichtdicke auf Wellenabsätzen bzw. in Bohrungen	163
h	%	relative Häufigkeit	141
I	A	Stromstärke	31
i	A/dm^2	örtliche Stromdichte	40
i_1	A/dm^2	Stromdichte auf dem anodennahen Kathodenteil	56
i_2	A/dm^2	Stromdichte auf dem anodenfernen Kathodenteil	56
i_1'	A/dm^2	primäre Stromdichte auf dem anodennahen Kathodenteil	54
i_2'	A/dm^2	primäre Stromdichte auf dem anodenfernen Kathodenteil	54
i_o	A/dm^2	mittlere Stromdichte	31
i_{Tr}	A/dm^2	mittlere, auf die Oberfläche aller Teile bezogene Stromdichte beim Galvanisieren in Trommeln	143
K_G	mm	Gitterkonstante	155
k	cm	kathodischer Polarisationsbeiwert	58
L	mm	Länge einer Welle	72
L_R	mm	Länge Drucklufteinblasrohr	82
l	mm	Wellenabsatzlänge	72
l_1; L_1	mm	Abstand des anodennahen Kathodenteils von der Anode in kleinen bzw. großen Elektrolysebehältern	54
l_2; L_2	mm	Abstand des anodenfernen Kathodenteils von der Anode in kleinen bzw. großen Elektrolysebehältern	54
l_B	mm	Bohrungslänge	72
l_H	mm	Amplitude der Werkstückbewegung	82
l_K	mm	Grenzwert der Wellenabsatzlänge	85
l_T	mm	Trennscheibendicke	162
M	g/mol	Molmasse des Schichtwerkstoffes	31

m	g	abgeschiedene Metallmasse	31
m_o	g	theoretisch abscheidbare Metallmasse	31
N_{Tr}	-	Chargengröße (Teilezahl) beim Galvanisieren in Trommeln	143
Ni^{2+}	g/l	Nickelionengehalt	70
n	-	Wertigkeit eines Elementes	31
p_{ges}	-	Ausschußanteil eines Fertigungsloses	148
p_o	-	Ausschußanteil infolge zu großer größter Schichtdicke	148
p_u	-	Ausschußanteil infolge zu kleiner größter Schichtdicke	148
Q	m^3/h	Volumenstrom	81
R	Ω	Gesamtwiderstand der elektrolytischen Metallabscheidung	46
R_{Ac}, R_{Kc}	Ω	ohmsche Widerstände, die Spannungsabfälle in der Größe der Konzentrationspolarisation an Anode bzw. Kathode bewirken	46
R_B	Ω	Elektrolytwiderstand	45
R_{Ka}, R_{Aa}	Ω	ohmsche Widerstände, die Spannungsabfälle in der Größe der Aktivierungspolarisation an Kathode bzw. Anode bewirken	46
R_{pK}, R_{pA}	Ω	kathodischer bzw. anodischer Polarisationswiderstand	41
r	mm	Radius einer Werkstückkantenverrundung	117
S	µm	Spiel	32
S_g	µm	Größtspiel	32
S_k	µm	Kleinstspiel	32
s	µm	Standardabweichung	136
s_a	µm	Wellenhalbmesseränderung durch Abtragen und nachfolgendes Galvanisieren	119
s_B	µm	größte Schichtdicke in einer Bohrung	32
s_G	µm	örtliche Schichtdicke von auf einem Werkstückträger galvanisierten Teilen	141
s_{minB}	µm	kleinste Schichtdicke in Bohrungen	74
s_{minW}	µm	kleinste Schichtdicke auf einem Wellenabsatz	74

s_o	µm	mittlere Schichtdicke; Sollschichtdicke	30
s_{sW}; s_{sB}	µm	Standardabweichung der größten Schichtdicke der Welle; der Bohrung	148
s_W	µm	größte Schichtdicke auf einem Wellenabsatz	32
s_W', s_B'	µm	im außermittigen Querschliff gemessene größte Schichtdicke auf der Paßfläche von Wellen bzw. Bohrungen	164
s_{Wg}; s_{Wk}	µm	Maximal- bzw. Minimalschichtdicke, theoretisch	85
s_{WTr}; s_{BTr}	µm	größte Schichtdicke auf Paßflächen beim Galvanisieren in Trommeln	144, 145
$\overline{s_W}$; $\overline{s_B}$	µm	Mittelwert der größten Schichtdicke auf der Paßfläche der Welle; der Bohrung	83
$s_{\Delta dW}$; $s_{\Delta dB}$	µm	Standardabweichung der Paßmaßänderung der Welle; der Bohrung	148
T	°C	Elektrolyttemperatur	70
T_m	µm	Paßtoleranz	146
T_{sW}; T_{sB}	µm	Schichtdickentoleranz (Welle; Bohrung)	146
T_W; T_B	µm	Maßtoleranz der Welle; der Bohrung	146
$T_{\Delta dW}$; $T_{\Delta dB}$	µm	Maßtoleranz der Paßmaßänderung (Welle; Bohrung)	146
t	s	Beschichtungszeit	31
t_{Tr}	s	Beschichtungszeit beim Galvanisieren in Trommeln	143
U	V	Elektrolysespannung	45
U_1 bzw. U_2	V	Spannungsabfall in der Teilzelle 1 bzw. 2	57
U_B	V	ohmscher Spannungsabfall im Elektrolyt	45
U_g	µm	Größtübermaß	32
U_k	µm	Kleinstübermaß	32
u_{Tr}	min^{-1}	Trommeldrehzahl	143
V_E	dm^3	Elektrolytvolumen	82
v_K	m/min	Relativgeschwindikgeit zwischen Kathode und Elektrolyt	50

$\bar{v}_K$	m/min	mittlere Relativgeschwindigkeit zwischen Kathode und Elektrolyt	82
δ_N	m	Dicke der Nernstschen Diffusionsschicht	44
δ_{Pr}	m	Dicke der Prandtlschen Strömungsgrenzschicht	44
ε	V	Potential	40
ε_A	mV	Anodenpotential	45
ε_K	mV	Kathodenpotential	41
ε_R	mV	Ruhepotential	41
ε_{RK}; ε_{RA}	mV	Ruhepotential der Kathode; der Anode	41
η_k	%	kathodische Stromausbeute	31
η_{k1}; η_{k2}	%	kathodische Stromausbeute beim Galvanisieren des anodennahen bzw. des anodenfernen Kathodenbereichs	62
$\varkappa$	S/cm	spezifische Elektrolytleitfähigkeit	40
μ	µm	Mittelwert der Grundgesamtheit der Werte der größten Schichtdicke auf Paßflächen	136
σ	µm	Streuung der Grundgesamtheit der Werte der größten Schichtdicke auf Paßflächen	136
σ_s	-	Schichtdickenverhältnis	62
φ_A	mV	Polarisation der Anode	45
φ_K	mV	Polarisation der Kathode	41/45
φ_{Ka}; φ_{Aa}	mV	Aktivierungspolarisation der Kathode; der Anode	44
φ_{Kc}; φ_{Ac}	mV	Konzentrationspolarisation der Kathode; der Anode	44
ρ	g/cm^3	Dichte	31

1 Aufgabe

1.1 Einleitung

Bei fast allen Geräten der Feinwerktechnik ist der Fehler ein Maß für die Güte der technischen Verwirklichung einer Signalflußkette. Die Größe des Fehlers hängt von den Störungen, die von außen auf das System einwirken, und von der Fertigungsgenauigkeit des Gerätes ab /1/. Zu großes Spiel bei Passungen und Abweichungen von der Sollgeometrie bei Paßteilen führen zu Fehlern, wenn Wege als Signalgrößen verwendet werden. Bewegungswiderstände infolge zu geringen Spieles bei Passungen können Abweichungen vom Sollwert verursachen, wenn es sich bei den Signalgrößen um Kräfte handelt.

Den Fertigungstoleranzen ist deshalb bei Werkstückpaarungen besondere Aufmerksamkeit zu widmen, wenn die zu fügenden Werkstücke beschichtet werden sollen. In diesem Fall werden die durch spanende oder umformende Fertigungsverfahren erzeugten Paßmaße in einem zusätzlichen Fertigungsschritt verändert.

Fehler bei der Signalverarbeitung können bei allen Passungen auftreten. Am häufigsten werden sie jedoch beim Fügen von Wellen mit Bohrungen erkannt.

Soll die Maßveränderung durch das Beschichten beim Durchführen der spanenden oder umformenden Fertigungsverfahren vor dem Galvanisieren berücksichtigt werden, so müssen mit dem Beschichtungsverfahren Schichten bestimmter Dicke mit bekannter Dickentoleranz hergestellt werden können. Die dennoch auftretenden Abweichungen von der Sollgeometrie sind umso geringer, je gleichmäßiger die Schichtdickenverteilung auf dem Werkstück ist.

Die bei der Paarung von Wellen mit Bohrungen durch das Beschichten auftretenden Probleme werden im folgenden am Beispiel kleiner abgesetzter Wellen und kleiner Bohrungen behandelt.

1.1.1 Beschichten kleiner Wellen und Bohrungen in der Fertigungstechnik

In der Feinwerktechnik werden organische oder metallische, seltener nichtmetallische anorganische Schichtwerkstoffe angewandt. Soweit nicht mit organischen oder metallischen Schichtwerkstoffen vorveredeltes Kaltband bzw. Feinblech als Konstruktionswerkstoff zum Einsatz gelangen kann, werden auf Gehäusen und anderen großflächigen Teilen vorwiegend organische Schichtwerkstoffe aufgebracht. Anorganische nichtmetallische Überzüge setzt man nur für spezielle Zwecke (z.B. beim Vergüten von Linsen) ein. Die Mehrzahl der Bedienungsknöpfe und Frontplatten, sowie auch häufig die Einzelteile im Geräteinnern werden dagegen mit Metallen beschichtet, da diese mechanischen Belastungen besser standhalten. Der übrige Teil der Werkstücke im Geräteinnern bleibt entweder unbeschichtet (Produkt mit geringer Nutzungsdauer, wie z.B. Kinderspielzeug) oder wird durch Inhibitoren, Öle, Fette usw. temporär geschützt, soweit die Werkstücke nicht aus korrosionsbeständigen Werkstoffen gefertigt werden (fertigungstechnische Schwierigkeiten, höhere Kosten).

Das Beschichten der Kleinteile mit Metallen erfolgt vorwiegend durch Galvanisieren. Dieses Verfahren bietet gegenüber anderen eine Reihe von Vorteilen. Man kann die Schichtdicke in relativ engen Grenzen vorgeben und den Beanspruchungen anpassen. Die Schichtbildung erfolgt unmittelbar und nicht in einem speziellen Vorgang, wie z.B. beim Lackieren oder Emaillieren. Es lassen sich fast alle Metalle und eine Vielzahl von Legierungen, welche die unterschiedlichsten Anforderungen an eine Beschichtung erfüllen (Bild 1), galvanisch abscheiden.

Die Qualität elektrolytisch erzeugter Schichten wird durch eine große Zahl von Schichteigenschaften bestimmt (Bild 2).

Gründe für den Einsatz galvanisch erzeugter Metallschichten	
Werkstück-aussehen	- Farbgebung - Glanzgraderhöhung oder -minderung - Metallisieren von Kunststoffgegenständen
Korrosions-schutz	- Schutz gegen atmosphärische Korrosion - Schutz gegen aggressive Medien - Verhindern von Kontaktkorrosion
technische Aufgaben	- Vergrößern der Verschleißfestigkeit - Reibungsminderung oder -vergrößerung - Erhöhen der Gestaltfestigkeit - Verändern der magnetischen Eigenschaften - Leitfähigkeitserhöhung - Vermindern von Kontaktwiderständen - Strahlungsreflektion und -absorption - Lötfähigkeit herstellen - Herstellen leicht zu reinigender oder dekontaminierbarer Oberflächen - Erzeugen von Oberflächen mit besonderen Adhäsionseigenschaften - Verhindern statischer Aufladung

Bild 1: Einsatz elektrolytisch abgeschiedener Metallschichten

Kenngrößen zum Beschreiben der Schichteigenschaften	
Werkstoff und Gefüge	- Schichtwerkstoff - Einbau anorganischer Fremdstoffe - Einbau organischer Fremdstoffe - Korngröße - Kornorientierung
mechanische, elektrische und sonstige physikalische Eigenschaften	- Härte - innere Spannungen - Zugfestigkeit - Bruchdehnung - Haftfestigkeit auf dem Substrat - Poren- oder Rißbildung - Leitfähigkeit und elektromagnetische Eigenschaften - Oberflächenspannung - elektrochemisches Potential - Deckschichtbildung - Reflexionsvermögen
geometrische Kenngrößen	- Schichtdicke und Schichtdickenverteilung - Einfluß auf die Rauheit (Einebnung, Aufrauhung)
fertigungs-technische Kenngrößen	- Umformeigenschaften - Zerspanungseigenschaften - Schweiß- oder Löteigenschaften

Bild 2: Eigenschaften elektrolytisch abgeschiedener Metallschichten

Wird für einen Verwendungszweck eine Schichteigenschaft verbessert, können sich andere verschlechtern. Es muß daher meist ein Kompromiß gesucht werden.

1.1.2 Auswirkungen der Schichtdickenverteilung auf Passungen und die Montage

Beim Beschichten feinwerktechnischer Paßteile kommt den geometrischen Kenngrößen (Bild 2) große Bedeutung zu. Sie sind für die erreichbare Fertigungsqualität wesentlich. Dies liegt daran, daß ein galvanisiertes Werkstück keine gleichmäßige Schichtdicke aufweist (Bild 3).

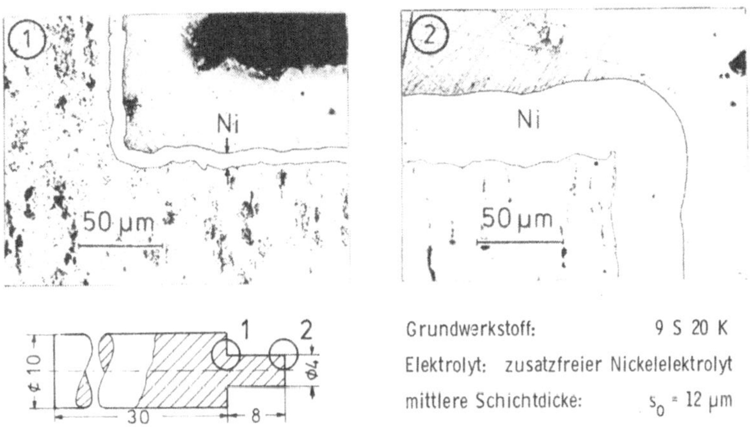

Bild 3: Ungleiche Schichtdickenverteilung auf einem Wellenabsatz

An der Kante eines Wellenabsatzes kann zum Beispiel ein Vielfaches der Schichtdicke vorhanden sein, die am Übergang vom Wellenabsatz zum Bund abgeschieden ist. Eine Schichtdickenangabe ist daher nur sinnvoll, wenn die Meßstelle angegeben oder die Schichtdickenverteilung durch Kennwerte (z.B. mittlere, auf die Werkstückoberfläche bezogene Schichtdicke; kleinste oder größte auftretende Schichtdicke) beschrieben wird.

Die Auswirkung der ungleichmäßigen Schichtdickenverteilung macht sich beim Fügen zweier Werkstücke, die zusammen eine Passung bilden, bemerkbar. Werden durch das Galvanisieren die vorgeschriebenen Maß- und Formtoleranzen überschritten, so können Schwierigkeiten auftreten:

- Ein Fügen der Paßteile wird unmöglich oder die Teile werden dabei beschädigt. Korrosion ist die Folge. An Stellen, an denen Wellen durch die Gehäusewandung geführt werden, können deshalb das Aussehen stark beeinträchtigende Rostfahnen entstehen.
- Der Fehler bei der Signalverarbeitung in Geräten wird größer und es können Funktionsstörungen auftreten.

Bei der Teilefertigung kann so Ausschuß entstehen oder die galvanisierten Werkstücke sind nachzuarbeiten. Terminverzögerungen und erhöhte Kosten sind die Folgen.

Von der Möglichkeit dick vernickelte oder verchromte Flächen auf Maß nachzuarbeiten macht man bei wesentlich größer dimensionierten, teuren Werkstücken Gebrauch (z.B. Kolben von hydraulischen Arbeitsmaschinen).

Beispiel für das Verändern der Maßtoleranzen:

Betriebsnormen sehen im allgemeinen vor, daß die Beschichtung auf folgende Weise in der Vorfertigung berücksichtig wird. Bei der Paarung Welle - Bohrung ist das Fertigungsmaß der Welle um das Zweifache der Sollschichtdicke kleiner und das der Bohrung um denselben Betrag größer als das Paßmaß zu wählen. Das Spiel der Passung wird dadurch in der Vorfertigung um das Vierfache der Sollschichtdicke vergrößert (Bild 4).

Die Sollschichtdicke (mittlere Schichtdicke) wird mit Hilfe des Faradayschen Gesetzes errechnet:

$$s_o = \frac{i_o \cdot t \cdot M \cdot \eta_k}{n \cdot F_c \cdot \varrho \cdot 100\ \%}\ \mu m \qquad (1)$$

dabei ist:

$$i_o = \frac{I}{A_k} \tag{2}$$

$$\eta_k = \frac{m}{m_o} \cdot 100 \text{ in \%} \tag{3}$$

I : Galvanisierstromstärke in A
i_o : mittlere Stromdichte in A/dm^2
t : Beschichtungszeit in s
M : Molmasse des Schichtwerkstoffes in g/mol
F_C : Faradaysche Zahl = 96 485 A s/mol
ϱ : Dichte des Schichtwerkstoffes in g/cm^3
η_k : kathodische Stromausbeute in %
A_k : wirksame Kathodenfläche (Werkstückoberfläche) in dm^2
m : abgeschiedene Masse des Schichtwerkstoffes in g
m_o : theoretisch abscheidbare Masse (keine Nebenreaktionen) in g
n : Wertigkeit des Schichtwerkstoffes

Die Abmessungen und Schichtdicken entsprechen einem Beispiel aus der Kamerafertigung. Eine Welle mit einem Wellenabsatz der Länge l = 4 mm und dem Nennmaß d = 2 mm soll in einer durchbohrten Wandung mit der Bohrungslänge l_B = 0,6 mm gelagert werden. Es ist die Spielpassung H8/f7 vorgesehen. In dem Prinzipbild (Bild 4) sind die Schicht- und Abmaße 500-fach größer als die Teilegeometrie eingezeichnet. Auf die Werkstückkontur ist die Schichtdickenverteilung aufgetragen, die unter Praxisbedingungen beim Vernickeln entsteht. Man erhält bei der bisherigen Vorgehensweise statt der geforderten Spielpassung eine Preßpassung. Deshalb ist bei der Vorfertigung nicht die Sollschichtdicke, sondern die tatsächlich an den Werkstückkanten entstehende Schichtdicke zu berücksichtigen.

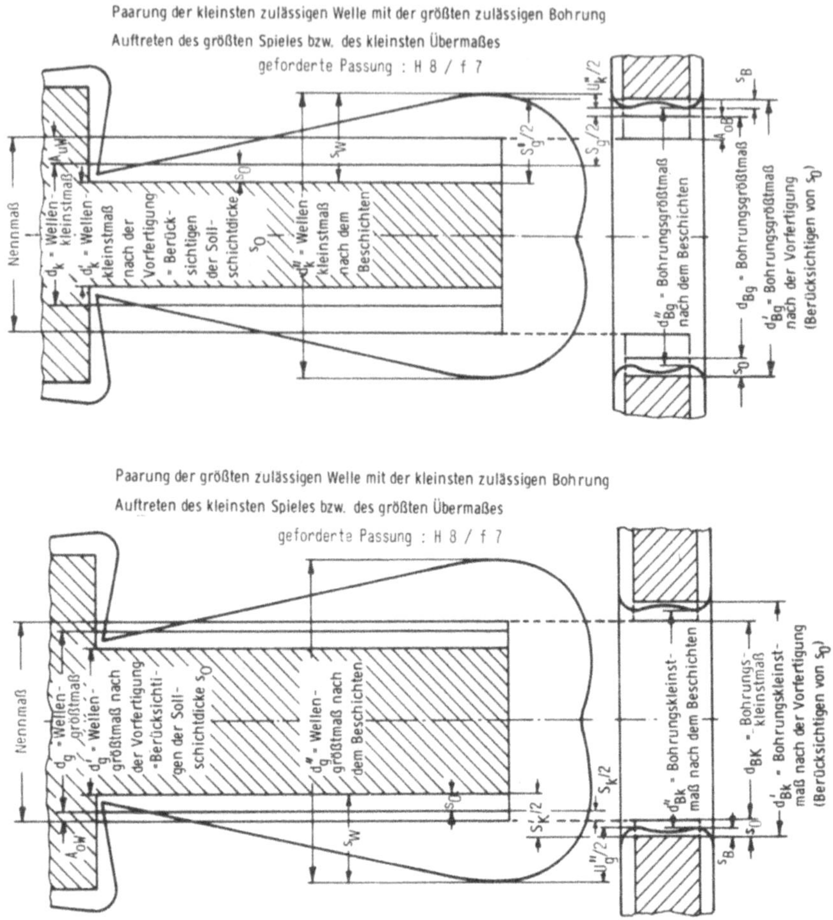

A_{oW} = gefordertes oberes Abmaß Welle
A_{oB} = gefordertes oberes Abmaß Bohrung
A_{uW} = gefordertes unteres Abmaß Welle
A_{uB} = gefordertes unteres Abmaß Bohrung
S_k = gefordertes Kleinstspiel
S_g = gefordertes Größtspiel
U_k'' = Kleinstübermaß nach dem Beschichten
U_g'' = Größtübermaß nach dem Beschichten

s_0 = Sollschichtdicke
s_W = größte Schichtd. auf dem Wellenabs.
s_B = größte Schichtd. in der Bohrung
S_k' = Kleinstspiel vor dem Beschichten
S_g' = Größtspiel vor dem Beschichten

$S_k' = S_k - 4s_0 \qquad S_g' = S_g - 4s_0$

Bild 4: Einfluß der ungleichmäßigen Schichtdickenverteilung auf die Passung bei einer Paarung Welle - Bohrung. Prinzipskizze für unterschiedliche Toleranzlagen (Schichtdicke und Abmaße gegenüber der Teilegeometrie 500-fach vergrößert dargestellt)

Andere Paßteile, bei denen die durch das Galvanisieren hervorgerufenen Maß- und Formänderungen Störungen verursachen können, sind z.B. folgende:

- Gewinde, die eine Veränderung des Gewindeprofiles zeigen /3-5/.
- Gleitsteine und Kulissen
- Kegelsitze, die nach dem Galvanisieren nicht mehr ausreichend gas- oder flüssigkeitsdicht sind /6/
- Funktionselemente mit Flächenkontakt. Dieser ist mit galvanisierten Teilen nicht erreichbar /7/.

1.2 Stand der Technik - Literaturübersicht

1.2.1 Qualitative Angaben zur Schichtdickenverteilung

Einen Schwerpunkt der bisherigen Veröffentlichungen bilden die Angaben über das galvanisiergerechte Konstruieren. Genannt werden die konstruktiven Maßnahmen, mit denen für den Korrosionsschutz ausreichend gleichmäßige Schichtdickenverteilungen zu erreichen sind /8-16/. Das Anfasen von Bolzen oder Ansenken von Sacklöchern wird vorgeschlagen /8/.

Weiter ist der Einfluß fertigungstechnischer Maßnahmen auf die Schichtdickenverteilung beschrieben: Das Verändern der Anoden (Anodenzahl, -anordnung und -größe), das Anbringen von Hilfsanoden bzw. Hilfskathoden, von Blenden und metallischen Abschirmungen. Zudem wird dargestellt, wie die Schichtdickenverteilung durch das Ausrichten von Einzelteilen auf einem Werkstückträger zu beeinflussen ist /17, 18/.

Die Angaben zum galvanisiergerechten Konstruieren erlauben es nicht, die Auswirkung der konstruktiven Maßnahmen auf die Schichtdickenverteilung zahlenmäßig vorherzubestimmen. Das Anwenden von Blenden, Hilfskathoden und -anoden setzt Versuche voraus und ist kostspielig.

1.2.2 Quantitative Angaben zur Schichtdickenverteilung

Berechnete Schichtdickenverteilungen:

Das Berechnen der Schichtdickenverteilung auf komplizierter geformten Praxisteilen ist schon mehrfach versucht worden /19-22/. Bei großen, flächigen Teilen mit großer Schichtdicke, wie z.B. Galvanoformen, kann die Schichtdickenverteilung teilweise schon mit ausreichender Genauigkeit vorausbestimmt werden /19, 20/. Bei dem in der folgenden Untersuchung betrachteten Teilespektrum (kleine abgesetzte Wellen und zugehörige Bohrungen) kann das numerische Berechnungsverfahren nach /19, 20/ noch nicht mit Erfolg eingesetzt werden, da der Fehler an den Werkstückkanten noch zu groß ist (siehe Abschnitt 7 .1, Seite 146).

Aus Analogieuntersuchungen ermittelte Schichtdickenverteilungen:

Weniger Aufwand als die Berechnungsverfahren erfordern Analogieuntersuchungen. Die bekannteste Methode ist die "Leitfähigkeitspapier-Methode". Durch Abtasten von Äquipotentiallinien mit einer Sonde wird die primäre Stromlinienverteilung bei einem zweidimensionalen Zellenmodell bestimmt /23, 24/. Auf ähnliche Weise ist es möglich, Äquipotentialflächen in einem Elektrolytgefäß, dem "elektrolytischen Trog", zu ermitteln. Das graphische Ermitteln der Stromverteilung aus der gemessenen Potentialverteilung ist nicht mit ausreichender Genauigkeit möglich, und die Stromdichteverteilung an Werkstückkanten wird in starkem Maß von der sekundären Stromdichteverteilung bestimmt (siehe Abschnitt 2.1). Die Methode ist deshalb zum Ermitteln der Schichtdickenverteilung an Werkstückkanten nicht brauchbar.

Berechnen der Schichtdickenverteilung aus der gemessenen Stromverteilung:

Aus der Stromaufnahme eines Werkstücks und seiner Oberfläche läßt sich bei Kenntnis der Stromausbeute die mittlere Schichtdicke berechnen. Der für die elektrochemische Reaktion aufgewandte Strom kann nicht nur an einzelnen Werkstücken sondern auch an Werkstücksegmenten gemessen werden, die isoliert von den übrigen Werkstückteilen über eine getrennte Stromzuführung mit der selben Stromquelle verbunden sind. Werden die Segmente klein genug gewählt, so kann auf einem großflächigen Werkstück die Stromverteilung mit ausreichender Genauigkeit bestimmt werden /25/.

Bei kleinen Werkstücken ist das Verfahren nicht zu verwirklichen, da das Anbringen der gesonderten Stromzuführung trotz Isolierung zu einer wesentlichen Verfälschung des Stromlinienfeldes führt.

<u>Experimentell ermittelte Schichtdickenverteilungen:</u>

Es liegen experimentelle Untersuchungen für verschiedene Werkstückformen vor:

- kleine Metallronden (Parameter: Werkstück- und Elektrolysezellengeometrie, Elektrolyttyp) /26/
- kleine zylindrische Hohlformen (Parameter: Werkstückgeometrie, Elektrolyttyp) /27/
- Bolzen mit Bolzengewinde und Muttern /3-5/
- Durchgangslöcher in Leiterplatten (Sonderfall des Problems der Maß- und Formänderung von Bohrungen durch Galvanisieren) /28/

Über andere Untersuchungen, bei denen Kanten und Innenwinkel im Vordergrund stehen, berichtet Rüegg /29/ zusammenfassend.

Außer Gewindebolzen und Muttern sind bisher keine Paßteile untersucht worden. Die Einflußgrößen, von denen die Schichtdickenverteilung abhängt, sind unvollständig und nur selten systematisch erfaßt worden, so daß sich die Ergebnisse nicht verallgemeinern lassen. Die Schichtdickenverteilung an Werkstückkanten ist außer beim Durchkontaktieren von Leiterplatten noch nicht mit der notwendigen Genauigkeit untersucht worden.

1.3 Ziele, Aufgabenstellung und Abgrenzung der Untersuchung

Ziele

Ziel der Untersuchung ist es, quantitative Angaben über

- die Maß- und Formänderung von Paßteilen durch das Galvanisieren
- die Wirksamkeit von Maßnahmen zum Fertigen von Paßteilen mit einer gleichmäßigeren Schichtdickenverteilung

bereit zu stellen. Die Angaben beziehen sich auf eine beispielhafte Passung Welle-Bohrung und ein für den betrachteten Industriebereich typisches Spektrum der Werkstückabmessungen. Damit können bei der Konstruktion die Maß- und Formänderungen im voraus ermittelt werden, die bei der Vorfertigung zu berücksichtigen sind.

Ferner können die Maßnahmen ausgewählt werden, durch die mit möglichst geringem Aufwand gleichmäßigere Schichtdickenverteilungen hergestellt werden können.

Aufgabenstellung

Für kleine Wellen und gebohrte Flachteile, die zusammen eine Passung Welle-Bohrung bilden (Paßflächen: zylindrische Wellenabsatzfläche und Bohrungsfläche), umfaßt die Untersuchung daher vier Schritte:

- Ermitteln der Schichtdickenverteilung auf den Paßflächen und der größten, den Paßflächendurchmesser verändernden Schichtdicke an den Paßflächenkanten (quantitative Angaben).
- Untersuchung, wie die Schichtdickenverteilung durch Ändern der Einstellgrößen des Galvanisierverfahrens, der Elektrolyteigenschaften, der Anlageneigenschaften und der Werkstückgeometrie verbessert werden kann (Bild 15, Abschnitt 3) Das Ändern der Werkstückgeometrie umfaßt nicht nur die Wahl anderer Paßflächenabmessungen, sondern auch anderer Kantengeometrien (quantitative Angaben).

- Ermitteln des Einflusses der Werkstückhandhabung beim Galvanisieren auf die Schichtdickenverteilung und die Schichtdickenstreuung an Paßflächenkanten (qualitative Angaben).
- Aufstellen von Vorgehensweisen zum Berücksichtigen der beim Galvanisieren auf den Paßflächenkanten entstehenden Schichtdicke in der Vorfertigung. Die Abweichung der durch das Beschichten entstehenden Passungsqualität von der geforderten soll möglichst gering werden.

Abgrenzung der Untersuchung

Außer bei den Untersuchungen zum Einfluß der Kantenbearbeitung werden alle Versuche an Versuchsteilen mit weitgehend scharfen Kanten durchgeführt (im folgenden als "scharfkantig" bezeichnet). Deren Herstellung ist am besten reproduzierbar. Das Ändern der Einflußgrößen beim Galvanisieren wirkt sich an derartigen Kanten am stärksten aus.

Es wird davon ausgegangen, daß für die Passungsveränderung und die Montage die größte auf der Paßfläche auftretende Schichtdicke an der Paßflächenkante (Bohrung: zwei Paßflächenkanten) maßgebend ist.

Weitere Abgrenzungen siehe Abschnitt 3 (Versuchsprogramm).

2 Grundlegende Theorie

2.1 Ursachen der Schichtdickenverteilung

Die Schichtdickenverteilung elektrolytisch abgeschiedener Metallschichten hängt von dem elektrischen Feld zwischen den Elektroden, dem An- und Abtransport der Ionen an den Elektroden und den während der Metallabscheidung ablaufenden Nebenreaktionen ab.

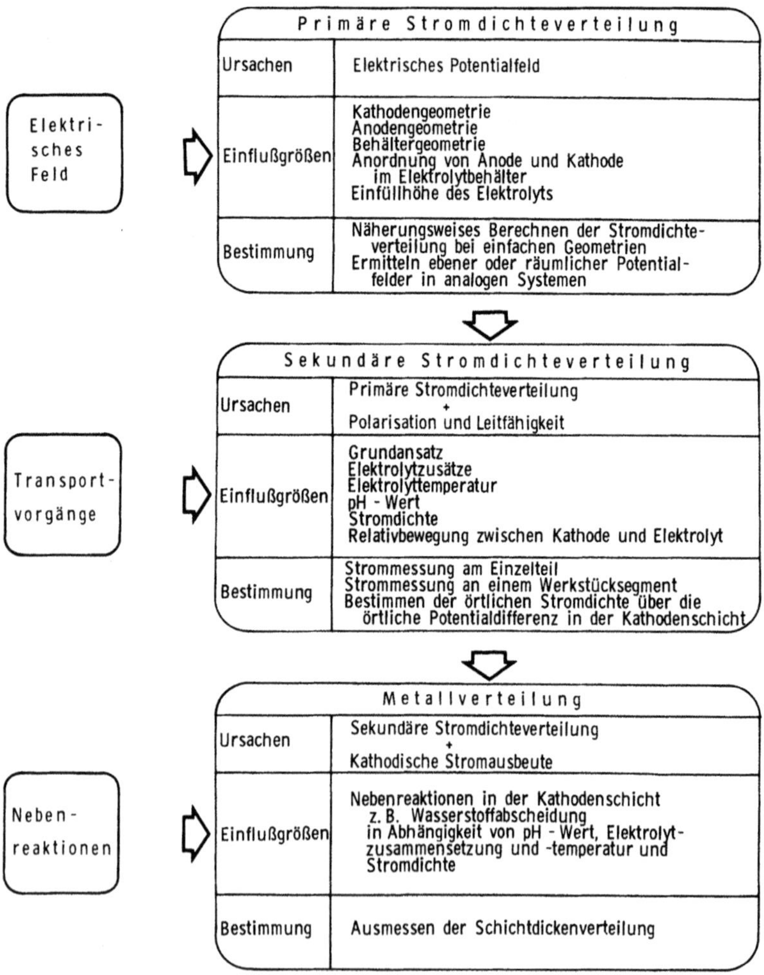

Bild 5: Entstehen der Schichtdickenverteilung auf der Kathode

Die Einflußgrößen, die die Schichtdickenverteilung auf dem galvanisierten Werkstück bestimmen, können danach unterteilt werden, ob sie überwiegend das Feld, die Transportvorgänge oder die Nebenreaktionen beeinflussen (Bild 5), /29/.

2.1.1 Primäre Stromverteilung

Die allein durch das elektrische Feld zwischen den Elektroden bestimmte primäre Stromdichteverteilung ist eine Modellvorstellung. Eine ihr proportionale Schichtdickenverteilung würde nur entstehen, wenn die Metallabscheidung ohne jede elektrochemische Hemmung an Anode oder Kathode und ohne Nebenreaktionen in einem vollkommen homogenen Elektrolyt ablaufen würde.

Infolge der Stromlinienkonzentration an vorspringenden Spitzen und Kanten (Bild 6) kommt es dort zu einer hohen örtlichen Stromdichte und damit zu einer großen Schichtdicke; an zurückliegenden Stellen, in Vertiefungen und Bohrungen ist die Stromdichte dagegen gering.

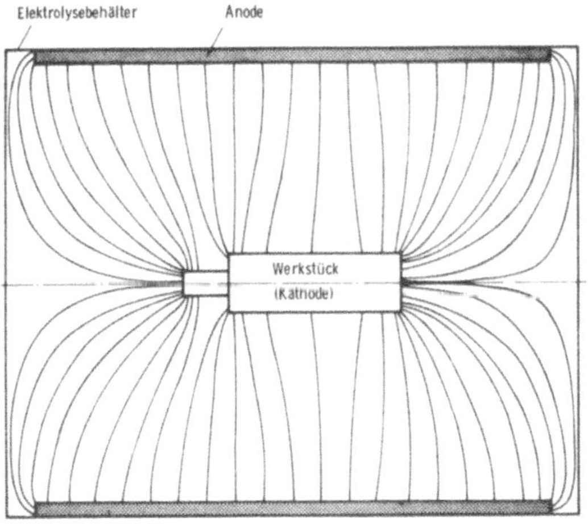

Bild 6: Stromlinienverteilung bei kleinen abgesetzten Wellen (zweidimensionale Prinzipskizze)

Die primäre Stromdichteverteilung auf der Kathode hängt nur von den geometrischen Bedingungen ab, wenn man voraussetzt, daß innerhalb der Anode und der Kathode keine Potentialunterschiede auftreten.

Die geometrischen Bedingungen können gekennzeichnet werden durch

- die Kathodengeometrie (Werkstückgeometrie)
- die Anodengeometrie
- den Anoden-Kathoden-Abstand
- Form und Größe der Elektrolysezelle
- die Lage der Elektroden in der Elektrolysezelle

Die primäre Stromdichteverteilung, d.h. das Verhältnis der örtlichen Stromdichte i zur mittleren Stromdichte i_o ist weder durch die Wahl des Elektrolysestromes noch des Elektrolyts zu beeinflussen. Die aus der primären Stromdichteverteilung bestimmbare örtliche Schichtdicke ist dagegen eine Funktion der Galvanisierzeit, des Elektrolysestromes, des elektrochemischen Äquivalents und der Dichte des Schichtmetalls. Bei Wahl der Elektrolysespannung als Einstellgröße ist die Elektrolytleitfähigkeit mitzuberücksichtigen. Die primäre Stromdichteverteilung ist mit Hilfe der Potentialverteilung bestimmbar, die in einem Elektrolyt konstanter Temperatur und Konzentration durch die Laplacesche Differentialgleichung beschrieben wird /78/:

$$\mathrm{div}\,\mathrm{grad}\,\varepsilon = 0 \tag{4}$$

oder im kartesischen Koordinatensystem:

$$\frac{\partial^2 \varepsilon}{\partial x^2} + \frac{\partial^2 \varepsilon}{\partial y^2} + \frac{\partial^2 \varepsilon}{\partial z^2} = 0 \tag{5}$$

Die örtliche Stromdichte auf den Elektroden erhält man durch Multiplizieren der Elektrolytleitfähigkeit $\varkappa$ mit dem örtlichen Potentialgradienten senkrecht zur Elektrodenoberfläche. Unter diesen Bedingungen erreicht die primäre Stromdichte an Werkstückkanten den Wert $i = \infty$, während am Grund einspringender Winkel keine Metallabscheidung stattfindet ($i = 0$).

2.1.2 Sekundäre Stromdichteverteilung

Die sekundäre Stromdichteverteilung entspricht der tatsächlichen. Finden keine Nebenreaktionen statt, ist sie gleich der Schichtdickenverteilung. Die sekundäre Stromdichteverteilung entsteht durch die kinetische Hemmung der elektrochemischen Vorgänge bei der Elektrolyse.

Polarisation bei der Elektrolyse im zusatzfreien Elektrolyt:

An einer Grenzfläche zwischen Metall und Metallsalzlösung finden im außenstromlosen Zustand Übergänge von Ladungsträgern aus der Lösung und in die Lösung statt. Bei dem sich dabei einstellenden dynamischen Gleichgewicht entsteht eine Potentialdifferenz zwischen Metall und Elektrolyt, die Ruhepotential $\mathcal{E}_R$ genannt wird /30/. Schließt man diese Elektrode als Kathode an einen äußeren Stromkreis an, treten bei Vorhandensein einer Gegenelektrode an der Kathode elektrochemische Hemmungen beim Übergang von Ionen aus der Lösung in das Metallgitter auf. Dadurch entsteht ein anderes, stromdichteabhängiges Potential, das als Kathodenpotential $\mathcal{E}_K$ bezeichnet werden kann. Die Abweichung dieses Potentials $\mathcal{E}_K$ vom Ruhepotential $\mathcal{E}_{RK}$ der Kathode ist (siehe Bild 8)

$$\varphi_K = -\mathcal{E}_K + \mathcal{E}_{RK} \qquad (6)$$

und wird kathodische Polarisation oder Überspannung genannt. Die Polarisation ist ein Maß für die beim Galvanisieren auftretenden Hemmungen, aus denen ein zusätzlicher Widerstand, der Polarisationswiderstand, resultiert. Betrachtet man diesen Widerstand als ohmschen Widerstand, kann er durch die Polarisation und den Strom I an der betrachteten Kathodenstelle ausgedrückt werden.

$$R_{pk} = \frac{\varphi_K}{I} \qquad (7)$$

Die gegen eine Bezugselektrode meßbare Polarisation wird durch unterschiedliche Vorgänge verursacht, die beim Transport eines Ions (speziell eines Kations) aus dem Elektrolyt-Innern zur Stelle des Einbaus in das Kristallgitter in unterschiedlichen Zonen vor der Kathode ablaufen (Bild 7).

Die Bereiche Doppelschicht, Diffusionsschicht und homogener Elektrolytraum werden unterschieden. Die den Transport durch diese Zonen bewirkenden Kräfte werden hervorgerufen durch:

- Konvektion (freie und erzwungene Konvektion /31, 32/):
  Ursache der freien Konvektion können örtliche Erwärmung, Wasserstoffabscheidung oder örtliche Konzentrationsunterschiede sein. Erzwungene Konvektion durch Elektrolyt- oder Werkstückbewegung ist erforderlich, wenn die bei der Elektrolyse entstehenden Dichteunterschiede zu gering sind, um eine ausreichende Eigenbewegung des Elektrolyts zu erzielen.

- Diffusion:
  Sie gleicht ein Konzentrationsgefälle aus und ist dort am größten, wo das größte Konzentrationsgefälle herrscht.

- Migration:
  Unter dem Einfluß des elektrischen Feldes wandern die Ionen im Elektrolyt . Die Kraft, die dabei auf ein Ion ausgeübt wird, ist der Ladung des Ions und der elektrischen Feldstärke proportional /33/.

Die verschiedenen Bewegungsarten sind innerhalb und außerhalb der Diffusionsschicht von unterschiedlicher Bedeutung /32/. Die Konvektion nimmt in der Diffusionsschicht mit kleiner werdendem Abstand zur Kathode ab und hört in unmittelbarer Nähe der Kathode ganz auf. Die Diffusion nimmt in Elektrodennähe etwas zu. Die Migration ist über den ganzen Raum zwischen Anode und Kathode wirksam. Sie hat für den Stofftransport die geringste Bedeutung und ist für die Metallabscheidung nicht hinreichend.

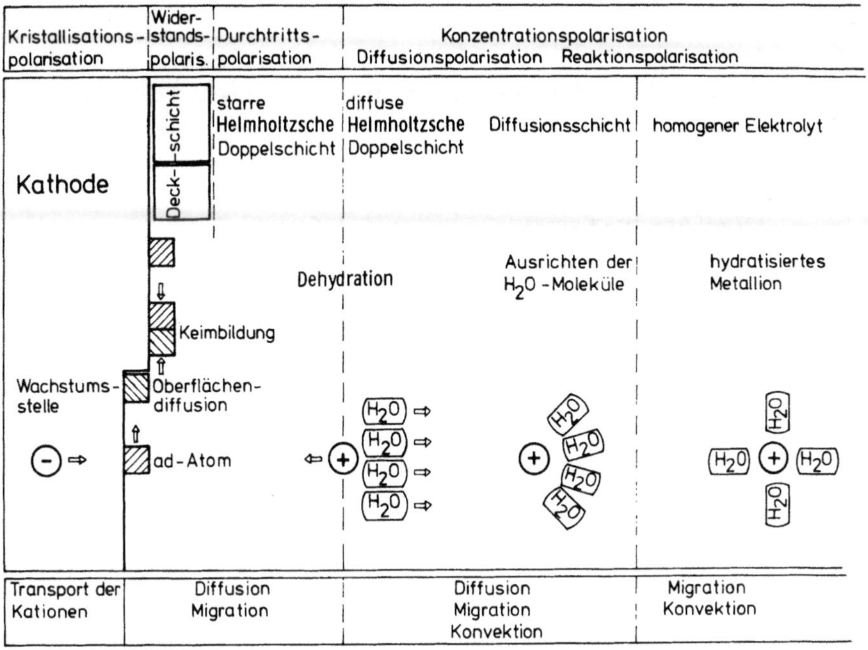

Bild 7: Polarisationsarten am Beispiel der Nickelabscheidung (Darstellung nach den Angaben in /32-35, 42/)

Dicke der Grenzschicht an der Kathode:

Unmittelbar vor der Kathode befindet sich die Helmholtzsche Doppelschicht. Sie ist etwa 10^{-8} bis 10^{-9} m dick /33/ und läßt sich nicht wesentlich verändern. Die Doppelschicht ist Bestandteil der wesentlich dickeren Diffusionsschicht, deren Dicke in geringerem Maß vom Diffusionskoeffizient des betrachteten Ions (bzw. Moleküls), vor allem jedoch von Art und Intensität der Relativbewegung zwischen Elektrolyt und Elektrode abhängt /34, 32/.

Die Diffusionsschichtdicken liegen bei natürlicher Konvektion oder langsamer laminarer Strömung bei etwa 10^{-4} m, bei turbulenter Strömung bei etwa 10^{-5} m bis 10^{-6} m /32/. Die Diffusionsschicht ist dünner als die Strömungsgrenzschicht, da der Ionentransport erst nach Absinken unter einen bestimmten Wert der Konvektion praktisch ausschließlich durch Diffusion erfolgt ($\delta_N \approx \frac{1}{10} \delta_{Pr}$; wobei δ_{Pr} die Dicke der Prandtlschen Strömungsschicht bei laminarer Strömung und δ_N die Dicke der Nernstschen Diffusionsschicht ist) /36/. Die Diffusionsschichtdicke δ_N hängt nicht von der Größe der örtlichen Stromdichte ab, die jedoch den Konzentrationsgradienten bestimmt. Sie ist in der Praxis von der Werkstückgeometrie und den Strömungsverhältnissen im Elektrolyt abhängig.

Die Hemmungen der elektrolytischen Metallabscheidung können den unterschiedlichen Zonen der Kathodenschicht zugeordnet werden (Bild 7):

- Hemmung des Transports der Ionen zur Doppelschicht (Konzentrationspolarisation, bestehend aus Reaktions- und Diffusionspolarisation)
- Hemmung des Durchtritts durch die Doppelschicht (Durchtrittspolarisation)
- Hemmung der Transportvorgänge auf der Kathodenoberfläche (Kristallisationspolarisation)

Zusätzlich kann eine Widerstandspolarisation auftreten. Sie entsteht, wenn sich bei der Elektrolyse durch eine Deckschicht (gebildet durch elektrochemische Reaktionen oder die Adsorbtion makromolekularer Stoffe) ein zusätzlicher Ohmscher Spannungsabfall einstellt /30, 33/.

Die Konzentrationspolarisation an der Kathode kann mit φ_{Kc} und die der Anode, an der entsprechende Hemmungen der Metallauflösung auftreten, mit φ_{Ac} bezeichnet werden. Die in der Doppelschicht und auf der Elektrodenoberfläche auftretenden Hemmungen kann man unter dem Begriff Aktivierungspolarisation zusammenfassen (φ_{Ka} bzw. φ_{Aa}).

Die kathodische Polarisation ist dann: $\varphi_K = \varphi_{Kc} + \varphi_{Ka}$ (8)

und für die Anode gilt: $\varphi_A = \varphi_{Ac} + \varphi_{Aa}$ (9)

Die Aktivierungspolarisation ist stromdichteabhängig, sie nimmt mit zunehmender Stromdichte zu. Die Konzentrationspolarisation wird von der örtlichen Diffusionsschichtdicke und nur in geringem Maß von der örtlichen Stromdichte bestimmt; sie nimmt mit kleiner werdender Diffusionsschichtdicke ab /37/. Da die Aktivierungspolarisation an Stellen größter Stromdichte am größten ist, hat sie eine ausgleichende Wirkung auf die primäre Stromdichteverteilung. Die Konzentrationspolarisation wirkt auf die primäre Stromdichteverteilung jedoch nur ausgleichend, wenn die Diffusionsschichtdicke als konstant über der Kathodenoberfläche angesehen werden kann.

Der Spannungsabfall U bei der Elektrolyse setzt sich zusammen aus der Polarisation der Kathode φ_K, der der Anode φ_A und dem ohmschen Spannungsabfall U_B, der sich aus dem Elektrolytwiderstand R_B und der Stromstärke I ergibt (Bild 8).

$$U = \varphi_A + U_B + \varphi_K = \varphi_A + R_B \cdot I + \varphi_K$$

$$= (\varepsilon_A - \varepsilon_{RA}) + R_B \cdot I + (\varepsilon_{RK} - \varepsilon_K) \quad (10)$$

Widerstände, an denen bei gegebener Stromstärke Spannungsverluste in der Größe der Polarisationen an Anode und Kathode entstehen, können als "Vorschaltwiderstände" angesehen werden, die die sekundäre Stromdichteverteilung bewirken (Bild 9).

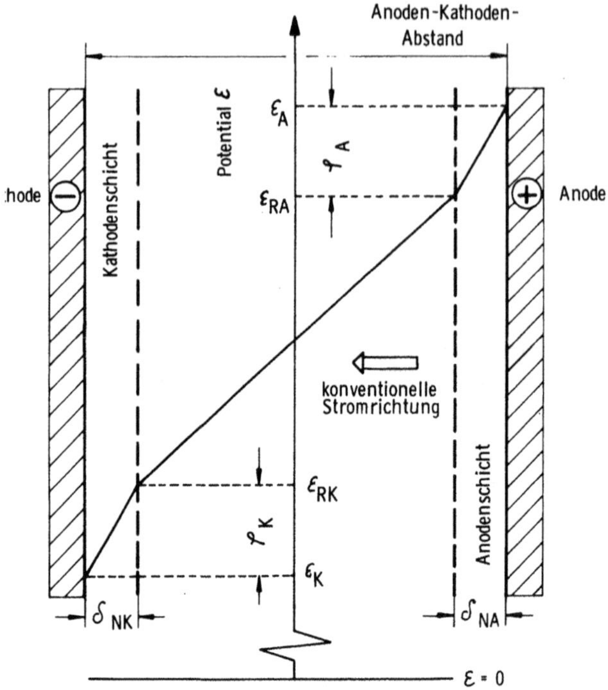

Bild 8:
Potentialverlauf zwischen Anode und Kathode bei Stromfluß (Prinzipbild)

In der Realität liegt weder in der Anoden- noch in der Kathodenschicht noch im Raum dazwischen ein linearer Verlauf der Potentialkurve vor

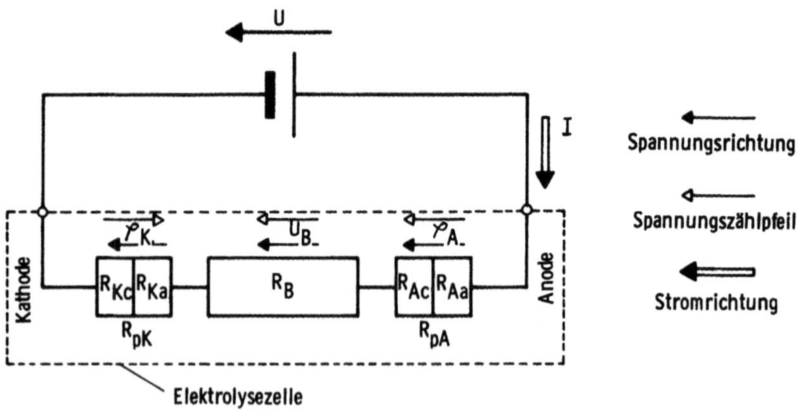

Bild 9: Ersatzschaltbild : elektrolytische Metallabscheidung

Der Gesamtwiderstand ist dann:

$$R = R_{pK} + R_B + R_{pA} = R_{Ka} + R_{Kc} + R_B + R_{Ac} + R_{Aa} \qquad (11)$$

Ist die Diffusionsschichtdicke auf einem Werkstück unterschiedlich dick, z.B. über Profilspitzen des Mikroprofils dünner als über den Mikroprofiltälern (Bild 10) wird die Konzentrationspolarisation an den Profilspitzen geringer als in den Profiltälern. Wenn die primäre Stromdichte in erster Nähe-rung als konstant über dem Profil angesehen werden kann und die Diffusion im gewählten Elektrolyt behindert ist, wirkt die Konzentrationspolarisation der Aktivierungspolarisation entgegen, d.h. die sekundäre Stromdichteverteilung kann örtlich ungleichmäßiger werden als die primäre /37/.

Polarisation im einebnenden Elektrolyt

Die Fähigkeit eines Elektrolyts zum Einebnen eines Profils wird durch das Hinzufügen von organischen Zusatzstoffen erreicht, die als Inhibitor wirken und diffusionskontrolliert an der Kathode angelagert werden. Die Stoffe können in den Niederschlag eingebaut oder nach einer Umwandlungsreaktion aus dem Kathodenraum wieder abgeführt werden. Durch das Anlagern dieser Stoffe auf der Metalloberfläche wird die Aktivierungspolarisation (speziell die Widerstandspolarisation) unabhängig von der örtlichen Stromdichte stark erhöht. Dieser Anteil der Aktivierungspolarisation ist deshalb nur von der örtlichen Diffusionsschichtdicke abhängig /32, 34, 37, 38/.

2.1.3 Stromausbeute

Treten bei der Metallabscheidung Nebenreaktionen, wie z.B. die Mitabscheidung von Wasserstoff auf, wird für sie ein Teil des geflossenen Stromes verbraucht.

Setzt man die abgeschiedene Masse des Schichtwerkstoffes (m) ins Verhältnis zu der mit dem geflossenen Strom theoretisch abscheidbaren Masse (m_o) ergibt sich die kathodische Stromausbeute (Gleichung 3):

$$\eta_k = \frac{m}{m_o} \cdot 100 \ \%$$

Wenn die kathodische Stromausbeute unabhängig von der Stromdichte ist, ist die Metallverteilung der sekundären Stromdichteverteilung proportional.

2.1.4 Makro- und Mikrostreufähigkeit

Infolge der direkten oder indirekten Abhängigkeit der Konzentrations- und der Aktivierungspolarisation von Stromdichte und Diffusionsschichtdicke bei zusatzhaltigen Elektrolyten lassen sich am Werkstück zwei Geometriebereiche voneinander abgrenzen (Bild 10) , /90-94/:

- Makrogeometrie

  Die Makrogeometrie ist gekennzeichnet durch die ungleichmäßige Stromdichteverteilung. Die Diffusionsschichtdicke ist, läßt man spezielle Werkstückzonen wie Spitzen, Kanten oder Sacklöcher außer Betracht, als in erster Näherung konstant anzusehen. Die primäre Stromdichteverteilung wird durch die Polarisation, die Leitfähigkeit und die kathodische Stromausbeute verändert. Die ausgleichende Wirkung dieser Parameter auf die Schichtdickenverteilung ist stromdichteabhängig; sie kann durch den Begriff"Makrostreufähigkeit" gekennzeichnet werden, der wie folgt definiert ist /19/:

  > Mit dem Begriff "Makrostreufähigkeit" wird die Eigenschaft eines Elektrolyts bezeichnet, auf der Kathode einen Überzug abzuscheiden, dessen Schichtdickenverteilung gleichmäßiger ist, als es auf Grund einer nur durch die geometrischen Beziehungen bestimmten Stromdichteverteilung zu erwarten wäre.

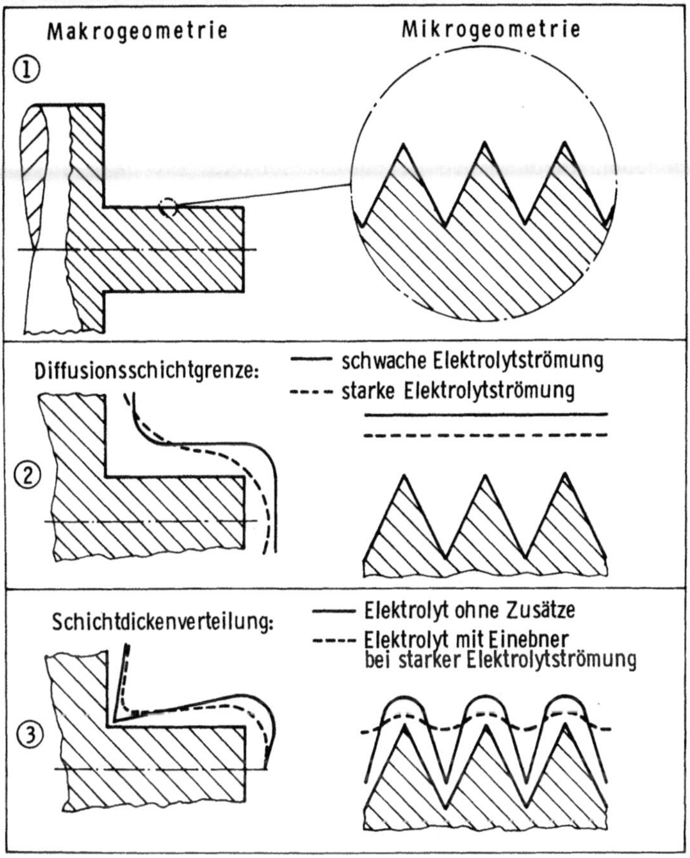

Bild 10: Makro- und Mikrogeometrie bzw. Auswirkung der Makro- und Mikrostreufähigkeit am Beispiel der kleinen abgesetzten Welle (Prinzipbild)

① Makro- und Mikrogeometrie

② Ausbildung der Diffusionsschicht bei starker und bei schwacher Umströmung

③ Schichtdickenverteilung bei einebnenden und nicht einebnenden Elektrolyten

- Mikrogeometrie

Der Bereich der Mikrogeometrie ist dadurch gekennzeichnet, daß nur geringe Unterschiede der örtlichen primären Stromdichte auftreten; sie kann als in erster Näherung konstant angesehen werden. Die Diffusionsschicht ist dagegen über den Spitzen und Vertiefungen des Mikroprofiles unterschiedlich dick. Bei einebnerhaltigen Elektrolyten erfolgt der Transport der organischen Moleküle zur Kathodenoberfläche diffusionskontrolliert. Die primäre Stromdichteverteilung wird durch die stromdichteunabhängige Änderung der Aktivierungspolarisation mit der Diffusionsschichtdicke im Bereich der Mikrogeometrie verändert. Man kann diese Wirkung durch den Begriff "Mikrostreufähigkeit" kennzeichnen:

> Mit dem Begriff "Mikrostreufähigkeit" wird die Eigenschaft eines Elektrolyts bezeichnet, auf der Kathode einen Überzug abzuscheiden, durch den das Mikroprofil eingeebnet wird.

Einfluß auf die Schichtdickenverteilung auf den Versuchsteilen:

Beim Galvanisieren von kleinen abgesetzten Wellen und gebohrten Teilen überlagern sich an den Wellenabsatz- und den Bohrungskanten die Einflüsse der Makro- und der Mikrostreufähigkeit.

Einflüsse auf die Diffusionsschichtdicke:

Zum Vermeiden von Wasserstoffporen und Konvektionsstreifen als Folge der natürlichen Konvektion wendet man bei der Glanzvernickelung und -verzinkung starke künstliche Konvektion an. Man erreicht diese durch

- Werkstückbewegung
  Das Werkstück wird dabei mit periodisch wechselnder Bewegungsrichtung durch den Elektrolyt bewegt, wobei die Geschwindigkeit den Bereich von $v_K = 0$ bis $v_K = v_{Kmax}$ durchläuft.

- Elektrolytbewegung
  Üblich ist das Erzeugen der Elektrolytbewegung durch Einleiten von Druckluft über ein unter den Werkstücken befindliches Verteilungsrohr. Dabei entsteht eine turbulente Mehrphasenströmung.

Beide Konvektionsarten sind instationär und inhomogen. Zusätzlich ist an den Werkstückkanten mit Wirbelbildung zu rechnen. Die Strömungsgrenzschicht erreicht an den Werkstückkanten ein Minimum (Bild 11). Die mit der Strömungsgrenzschicht konform gehende Diffusionsschicht erreicht an diesen Stellen daher sehr geringe Werte.

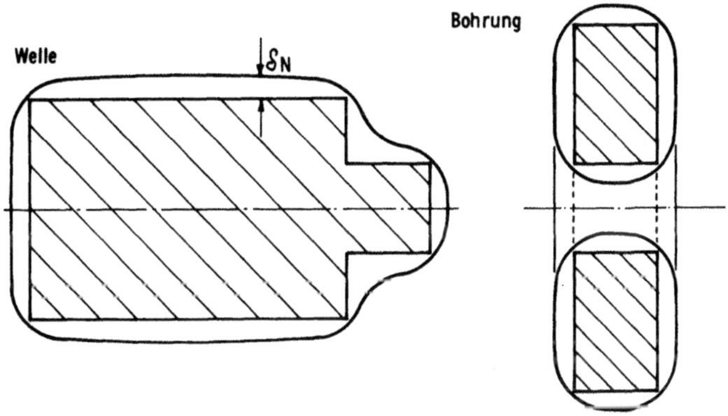

Bild 11: Beeinflussung der Diffusionsschichtdicke auf abgesetzten Wellen und durchbohrten Flachteilen durch künstliche Konvektion (Prinzipbild)

Schichtdicke an der Werkstückkante:

Die für das Herstellen von Passungen relevanten Schichtdickenmaxima entstehen jedoch in unmittelbarer Nähe der Wellenabsatz- und Bohrungskanten (Entfernung etwa 20 bis 30 µm von der Kante zurückliegend; siehe Seite 68) und werden deshalb durch die Diffusionsschichtdickenverminderung beeinflußt.

In Elektrolyten mit einebnenden Zusätzen kommt es an der Werkstückkante zu starker Inhibitorbelegung und die Aktivierungspolarisation erreicht außerordentlich große Werte, da auch der stromdichteabhängige Anteil der Aktivierungspolarisation an diesen Stellen größter primärer Stromdichte seinen Höchstwert erreicht. In Elektrolyten mit starker Einebnungswirkung wird die Schichtdicke unmittelbar an der Werkstückkante dadurch sehr gering ("Übereinebnung") und das Schichtdickenmaximum weiter von der Kante wegverschoben. Da das Schichtdickenmaximum auf diese Weise in einen Bereich geringerer primärer Stromdichte verschoben wird, ist es geringer als beim Galvanisieren im einebnerfreien Elektrolyten gleicher Polarisation.

Einfluß der Galvanisierzeit:

Da sich während der Metallabscheidung die Geometrie der Welle und des gebohrten Teiles langsam ändert, ändern sich alle von der Makro- und Mikrogeometrie abhängigen Einflüsse des Beschichtungsvorgangs:

- das elektrische Feld ist instationär. Mit zunehmender Beschichtungszeit werden die Werkstückkanten abgerundet und die primäre Stromdichte an dieser Stelle vermindert.

- die Diffusionsschichtdicke ist während der Beschichtung nicht konstant. Sie hängt bei gegebener Umströmung (Werkstück- oder Elektrolytbewegung) von der Teilegeometrie ab. Die Diffusionsschichtdicke nimmt an den Werkstückkanten mit zunehmender Kantenverrundung zu. In Glanzelektrolyten, die Einebner enthalten geht deshalb an diesen Stellen die Inhibition zurück und es wird eine größere Metallmenge abgeschieden. Dadurch nimmt die größte Schichtdicke an der Werkstückkante zu.

Wie sich diese beiden gegenläufigen Tendenzen beim Beschichten scharfkantiger Werkstücke auswirken, wird in Abschnitt 4.4.1 im Versuch dargestellt.

2.2 Berechenbarkeit der größten Schichtdicke an Wellenabsatz und Bohrungskanten

Soll die Änderung von Wellenabsatz- und Bohrungsdurchmessern erfaßt werden, ist die größte Schichtdicke an Wellenabsatz- und Bohrungskanten zu berechnen.

Will man die konstruktiven und fertigungstechnischen Maßnahmen (Bild 15), die in der Praxis zum Erzielen einer gleichmäßigeren Schichtdickenverteilung durchgeführt werden können, auf ihre Wirksamkeit überprüfen, muß die Berechnung in Abhängigkeit von den infrage kommenden Parametern des Galvanisiervorgangs durchgeführt werden können.

Um zu ausreichend genauen Ergebnissen zu gelangen, ist es notwendig, bei der Berechnung die kontinuierliche Änderung der Werkstückgeometrie durch die entstehende Schicht und die Einflüsse des Stofftransports (Makro- und Mikrostreufähigkeit) zu berücksichtigen.

Ein diesen Forderungen genügendes Rechenverfahren steht zur Zeit für die untersuchten Werkstückgeometrien noch nicht zur Verfügung.

Welche Forderungen im Einzelnen an ein Rechenverfahren zur Schichtdickenberechnung zu stellen sind, ist in Abschnitt 7.1 des Anhanges dargestellt.

2.3 Beurteilen der Schichtdickenverteilung mit Hilfe eines Modell-Rechenansatzes

Häufig reicht es zur Wahl geeigneter konstruktiver und fertigungstechnischer Maßnahmen zum Verringern des Schichtdickenmaximums aus, den Einfluß der einzelnen Maßnahmen nur qualitativ zu ermitteln.

Derartige qualitative Aussagen über den Einfluß der geometrischen Beziehungen und der Makrostreufähigkeit können anhand einer Modellvorstellung gewonnen werden.

Die Schichtdickenverteilung auf den Paßflächen der untersuchten Teile ist gekennzeichnet durch das Schichtdickenmaximum an der Wellenabsatz- oder der Bohrungskante und dem Schichtdickenminimum an der Übergangsstelle der zylindrischen Paßfläche zum Wellenbund oder in der Bohrung. Wird das Verhältnis der größten Stromdichte zur kleinsten verringert, entsteht eine gleichmäßigere Schichtdickenverteilung. Das Verhältnis größter zu kleinster Stromdichte ist damit ein Maß für die Qualität der Beschichtung.

Mit Hilfe der Modellvorstellung kann man den Einfluß der Parameter Geometrie und Makrostreufähigkeit auf dieses Verhältnis darstellen.

2.3.1 Modell der primären Stromdichteverteilung

Das Modell ist der Field-Zelle /39/ ähnlich (Bild 12). Der Elektrolysebehälter ist durch eine nichtleitende Wand aufgeteilt. Betrachtet man den Behälter I, so ist der Anoden-Kathoden-Abstand im anodennahen Bereich l_1 und im anodenfernen l_2. Der Vergleich der ohmschen Widerstände der beiden Elektrolytsäulen (unter Vernachlässigung der Polarisation) ergibt das primäre Stromdichteverhältnis

$$\frac{i'_{I1}}{i'_{I2}} = \frac{l_2}{l_1} \tag{12}$$

Einfluß des Anoden-Kathoden-Abstandes:

Der Behälter I wird einem Elektrolysebehälter II mit größerem Anoden-Kathoden-Abstand gegenübergestellt (Bild 12). Man erhält im Behälter II das primäre Stromdichteverhältnis

$$\frac{i'_{II1}}{i'_{II2}} = \frac{L_2}{L_1} \tag{13}$$

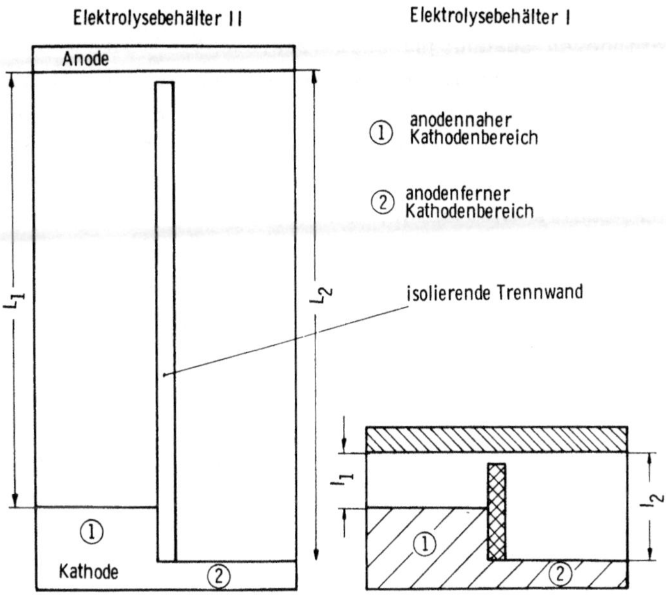

Bild 12: Galvanisieren einer profilierten Kathode
Modell zum Ermitteln der primären Stromverteilung

Da die Schichtdickenverteilung umso gleichmäßiger ist, je näher das Stromdichteverhältnis dem Wert 1 kommt, wird bei größerem Anoden-Kathoden-Abstand die gleichmäßigere Schichtdickenverteilung und damit eine geringere Maximalschichtdicke an den Paßflächenkanten der Wellen bzw. Bohrungen auftreten, denn

$$\frac{L_2}{L_1} < \frac{l_2}{l_1} \tag{14}$$

<u>Einfluß der Behältergröße :</u>

Wird bei gleichbleibender Anoden- und Kathodengröße der Behälter so vergrößert, daß seine Geometrie der ursprünglichen ähnlich ist (Werkstück(Kathode) in der Behältermitte und Anoden an zwei gegenüberliegenden Behälterwänden anliegend; s. Bild 22), steht für die im Randbereich der Kathode endenden Stromlinien ein größerer Elektrolytquerschnitt zur Verfügung, der bei gleicher spezifischer Leitfähigkeit einen geringeren Spannungsabfall verursacht. Dadurch wird das Verhältnis Stromdichte im Randbereich zu Stromdichte in der Werkstückfläche ungünstiger. Für den speziellen Fall der Welle mit Wellenabsatz, bei dem der Randbereich des Wellenabsatzes dem anodennahen Bereich (hohe Stromdichte) des Modells entspricht, überlagert sich daher bei einer geometrisch ähnlichen Vergrößerung des Elektrolysebehälters dem ausgleichenden Einfluß der Vergrößerung des Anoden-Kathoden-Abstands der Einfluß der Vergrößerung des Behälterquerschnittes, durch den die Schichtdickenverteilung ungleichmäßiger wird.

2.3.2 Modell der sekundären Stromdichteverteilung und der Metallverteilung

Der Einfluß der Polarisation auf die Stromdichteverteilung läßt sich anhand der Zelle (Bild 12) mit profilierter Kathode zeigen (Elektrolysebehälter I).

Die sekundäre Stromdichte auf dem anodennahen (Entfernung l_1) Bereich ist i_1, diejenige auf dem anodenfernen (Entfernung l_2) ist i_2.

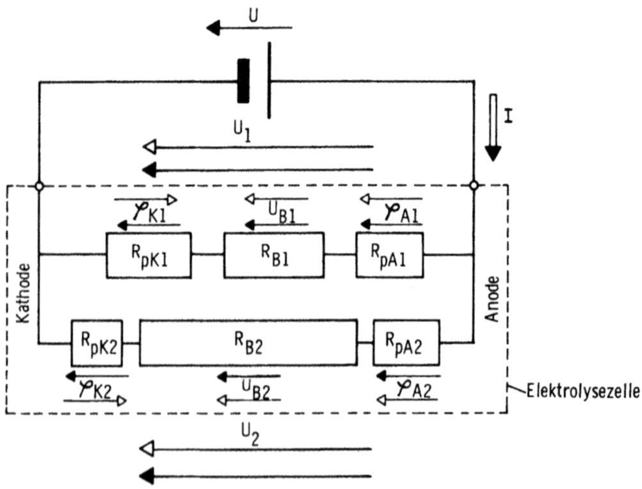

Bild 13: Ersatzschaltbild der Elektrolysezelle mit anodennahem und anodenfernem Bereich (Prinzipbild)

Der Spannungsabfall U_1 in der Teilzelle 1 setzt sich zusammen aus der Polarisation der Kathode φ_{K1}, der der Anode φ_{A1} und dem ohmschen Spannungsabfall U_{B1}, der sich aus dem Badwiderstand R_{B1} und der Stromstärke I_1 ergibt (Bild 13).

$$U_{B1} = R_{B1} \cdot I_1 \tag{15}$$

$$U_1 = \varphi_{A1} + R_{B1} \cdot I_1 + \varphi_{K1} \tag{16}$$

Der Spannungsabfall in beiden Teilzellen ist gleich ($U_1 = U_2$):

$$\varphi_{A1} + R_{B1} \cdot I_1 + \varphi_{K1} = \varphi_{A2} + R_{B2} \cdot I_2 + \varphi_{K2} \tag{17}$$

Bei den Versuchen, die im folgenden beschrieben werden, ist die Anode großflächig und eben, es ist daher bei geringerer mittlerer Stromdichte als auf den Versuchsteilen eine relativ gleichmäßige Stromdichteverteilung zu erwarten.

Man kann deshalb in erster Näherung annehmen, daß die Polarisation der Anode konstant ist. Der Elektrolytwiderstand der Elektrolytsäule einer Teilzelle mit dem Querschnitt A_B und der Länge l läßt sich dann aus der spezifischen Leitfähigkeit $\varkappa$, die in beiden Elektrolyträumen gleich ist, berechnen:

$$\frac{l_1 \cdot I_1}{\varkappa \cdot A_{B1}} + \varphi_{K1} = \frac{l_2 \cdot I_2}{\varkappa \cdot A_{B2}} + \varphi_{K2} \tag{18}$$

Bezieht man den Strom auf die Kathodenoberfläche kann man schreiben

$$\frac{l_1 \cdot i_1}{\varkappa} + \varphi_{K1} = \frac{l_2 \cdot i_2}{\varkappa} + \varphi_{K2} \tag{19}$$

nach Umformung

$$i_1 (l_1 + \varkappa \frac{\varphi_{K1}}{i_1}) = i_2 (l_2 + \varkappa \frac{\varphi_{K2}}{i_2}) \tag{20}$$

ergibt sich das Verhältnis der sekundären Stromdichten

$$\frac{i_1}{i_2} = \frac{l_2 + \frac{\varkappa \cdot \varphi_{K2}}{i_2}}{l_1 + \frac{\varkappa \cdot \varphi_{K1}}{i_1}} \qquad (21)$$

Bedingung ist, daß $i_1; i_2 > 0$ und $\varphi_{K1}; \varphi_{K2} > 0$.

Die Größe $\frac{\varkappa \cdot \varphi_K}{i}$ stellt die Länge einer Elektrolytsäule dar, die einen Spannungsabfall der Größe φ_K hervorruft. Man kann diese Länge als Polarisationsbeiwert definieren /40/:

$$k \equiv + \varkappa \frac{\varphi_K}{i} \quad \text{kathodischer Polarisationsbeiwert} \qquad (22)$$

Das Verhältnis der sekundären Stromdichten an einer profilierten Kathode verhält sich dann umgekehrt gleich dem Verhältnis der um den jeweiligen Polarisationsbeiwert vergrößerten Kathoden-Anoden-Abstände

$$\frac{i_1}{i_2} = \frac{l_2 + k_2}{l_1 + k_1} \qquad (23)$$

Erläuterung zu Gleichung (21):
$\varphi_{K1;2}$ ist positiv in die Gleichung einzusetzen, da die Polarisation, wie in Gleichung (10) dargestellt, den Spannungsabfall an einem Energieverbraucher darstellt.
Die Stromdichte-Potential-Kurven (s. Abschnitt 4.2.1) sind entsprechend dem Vorschlag der Kommission für elektrochemische Nomenklatur und Definition des Comité-International de Thermodynamique et de Cinétique Electrochimiques (CITCE) /30/ dargestellt worden, nach dem kathodische Potentiale negativ darzustellen sind, da so anodische und kathodische Vorgänge besser voneinander unterschieden werden können.

Der in der Literatur genannte Ausdruck /41/

$$\frac{i_1}{i_2} = \frac{l_2 + \varkappa \frac{\Delta \varphi_K}{\Delta i}}{l_1 + \varkappa \frac{\Delta \varphi_K}{\Delta i}} \quad \text{mit } \Delta \varphi_K = \varphi_{K2} - \varphi_{K1} \qquad (24)$$

ist mit (21) identisch.

Die häufig genannte Beziehung mit der Steigung der Stromdichte-Potential-Kurve $d\varepsilon/di$ /26, 42/

$$\frac{i_1}{i_2} = \frac{l_2 - \varkappa \frac{d\varepsilon}{di}}{l_1 - \varkappa \frac{d\varepsilon}{di}} \tag{25}$$

ist dagegen nur dann zutreffend, wenn die Stromdichte-Potential-Kurve im betrachteten Bereich linear ist.

Die sekundäre Stromdichteverteilung wird gegenüber der primären Stromdichteverteilung nur verbessert, wenn $k_2/k_1 < l_2/l_1$. Dabei entspricht das Längenverhältnis l_2/l_1 dem Verhältnis der primären Stromdichten i_1'/i_2'. Kennt man die Abhängigkeit der Kathodenpolarisation von der örtlichen Stromdichte $\varphi_K = f\ (i)$ und die Leitfähigkeit $\varkappa$, kann man bei einfachen Geometrieverhältnissen, z.B. bei einem Zellenmodell und einer vorgegebenen mittleren Stromdichte i_o die sekundäre Stromdichteverteilung durch eine Iteration berechnen, wenn zunächst ein geschätzter Wert für das Verhältnis der sekundären Stromdichten verwendet wird. In erster Näherung kann dafür das Verhältnis der primären Stromdichten herangezogen werden (siehe Bild 14).

Die sekundäre Stromdichteverteilung ist gegenüber der primären umso gleichmäßiger, je kleiner das Verhältnis k_2/k_1 und je größer die Beträge von k_2 und k_1 sind. Mit Bezug auf eine bestimmte Geometrie kann die ausgleichende Wirkung der sekundären Stromdichteverteilung an der Darstellung $k = f\ (i)$ abgeschätzt werden (Bild 14).

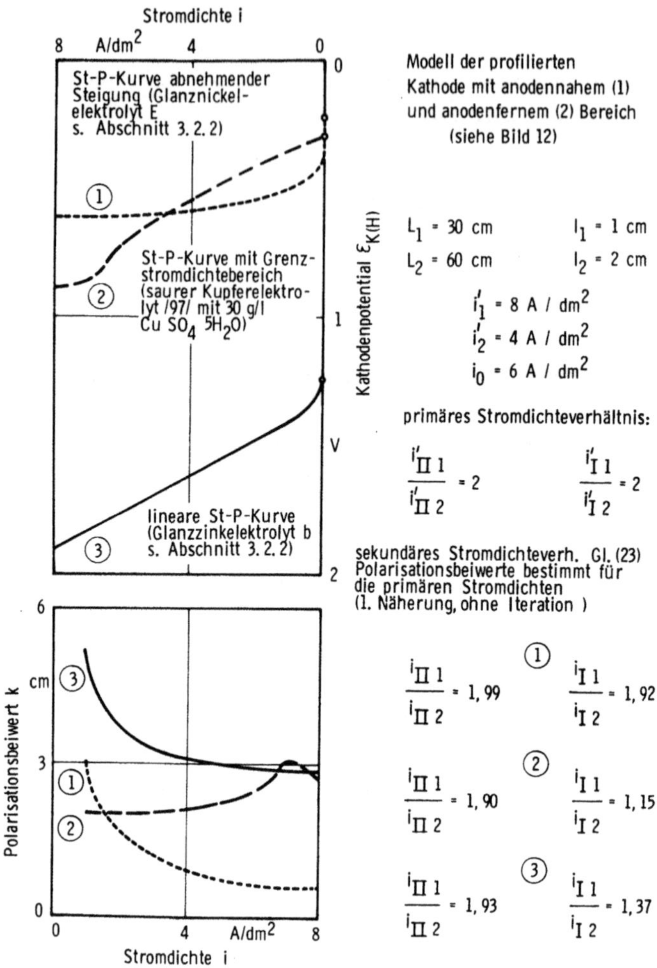

Bild 14: Einfluß der Stromdichte-Potential-Kurve auf den Verlauf der Polarisationsbeiwert-Stromdichte-Kurve und Größe der ausgleichenden Wirkung der Polarisation bei gegebenen Geometrieverhältnissen (Prinzipbild)

<u>Einfluß der Leitfähigkeit:</u>

Die Schichtdickenverteilung kann durch die Zugabe von Substanzen, die die Leitfähigkeit vergrößern, gleichmäßiger gemacht werden. Die Leitfähigkeit kann außerdem durch ein Erhöhen der Elektrolyttemperatur vergrößert werden.

Einfluß der Polarisation:

Die ausgleichende Wirkung eines Elektrolyts auf die Schichtdickenverteilung hängt nicht nur von der absoluten Größe der Polarisation, sondern auch von der Polarisationsänderung als Funktion der Stromdichte (Form der Stromdichte-Potential-Kurve) ab. Es ist zu erkennen, daß bei einem Kurvenverlauf, wie er bei Glanznickelelektrolyten (Watts-Typ) auftreten kann (Bild 14 ①), mit zunehmender Stromdichte die ausgleichende Wirkung der Polarisation abnimmt. Bei Elektrolyten mit ausgeprägter Grenzstromdichte wird die ausgleichende Wirkung mit zunehmender Annäherung an die Grenzstromdichte dagegen größer (Bild 14 ②).

Die Polarisation kann jedoch nicht immer ohne Verminderung der Leitfähigkeit erhöht werden. So zeigt sich beim Variieren des Grundansatzes eines Nickelelektrolyts (siehe Abschnitt 4.2.1.1), daß hohe Leitfähigkeit verbunden sein kann mit niedrigerer Polarisation und umgekehrt.

Beim Variieren der Elektrolyttemperatur erhält man das gleiche Ergebnis. Mit zunehmender Elektrolyttemperatur nimmt zwar die Leitfähigkeit zu, die Polarisation sinkt jedoch ab (Bild 79), so daß der Polarisationsbeiwert praktisch unbeeinflußt bleibt. Durch die Zugabe von organischen und anorganischen Elektrolytzusätzen ist es möglich, gleichzeitig Polarisation und Elektrolytleitfähigkeit zu erhöhen.

Einfluß des Anoden-Kathoden-Abstandes:

Werden die Abmessungen von Werkstück, Anode und Elektrolytbehälter geometrisch ähnlich verändert, so nimmt die ausgleichende Wirkung von Polarisation und Leitfähigkeit mit kleiner werdenden Abmessungen zu (Bild 14).

Wird jedoch in der Praxis das gleiche Werkstück bei kleinerem Anoden-Kathoden-Abstand galvanisiert, verhält sich der Einfluß der primären Stromdichteverteilung entgegengesetzt zum Einfluß der sekundären Stromverteilung. Bei stark profilierten Werkstücken, z.B. Wellen mit Wellenabsatz, ist der Einfluß der primären Stromdichteverteilung überwiegend (siehe Abschnitt 4.1.4).

Einfluß der Stromausbeute:

Aus der sekundären Stromdichteverteilung läßt sich mit Hilfe des Faradayschen Gesetzes und der Stromausbeutefunktion

$$\eta_k = f(i) \tag{26}$$

das Schichtdickenverhältnis σ_s bestimmen. Bei der Stromdichte i_1 ist die kathodische Stromausbeute η_{k1} und bei der Stromdichte i_2 ist die Ausbeute η_{k2}

$$\sigma_s = \frac{i_1}{i_2} \cdot \frac{\eta_{k1}}{\eta_{k2}} \tag{27}$$

2.4 Berücksichtigen des Modell-Rechenansatzes bei der experimentellen Untersuchung der Schichtdickenverteilung

Die Bewertung des ausgleichenden Einflusses der Elektrolytzusammensetzung auf die primäre Stromdichteverteilung kann mit Hilfe des Polarisationsbeiwertes mit größerer Genauigkeit, als durch das Ausmessen der Schichtdicken erfolgen. Zusätzlich lassen sich die Auswirkungen der Polarisation und Leitfähigkeit getrennt von der Stromausbeute ermitteln.

Der quantitative Einfluß unterschiedlich streuender Elektrolyte (Makro- und Mikrostreufähigkeit zusammengenommen) auf die größte Schichtdicke kann dann mit den Elektrolyten mit niedrigstem und höchstem Polarisationsbeiwert an Wellen mit Wellenabsatz untersucht werden.

3 Versuchsprogramm

3.1 Variable und konstante Versuchsparameter

Die Schichteigenschaften und damit auch die Schichtdickenverteilung werden nicht nur vom Galvanisierverfahren bestimmt, sie richten sich auch nach dem Werkstück. Sie können deshalb durch konstruktive und fertigungstechnische Maßnahmen beeinflußt werden (Bild 15).

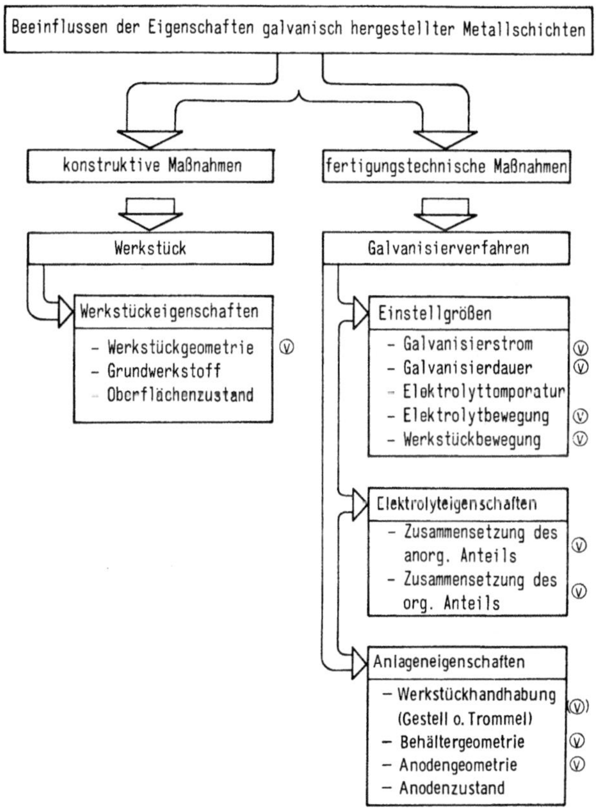

Bild 15: Einflußgrößen der galvanischen Beschichtung
Ⓥ: Einflußgrößen, deren Wirkung auf die Schichtdickenverteilung durch systematische Variation untersucht worden ist.

Konstante Versuchsparameter

Folgende Versuchsparameter sind konstant gehalten worden, da sie entweder nur geringen Einfluß auf die Schichtdickenverteilung haben oder in der industriellen Fertigung ebenfalls konstant gehalten werden:

Werkstückeigenschaften	:	- Grundwerkstoff (s. Seite 67)
		- Oberflächenzustand (s. Seite 68)
Einstellgrößen	:	- Elektrolyttemperatur (s. Seite 64)
Anlageneigenschaften	:	- Anodenzustand

Bei der Untersuchung der variablen Versuchsparameter ist folgende Einflußgröße konstant gehalten worden:

Anlageneigenschaften	:	- Werkstückhandhabung (s. Seite 71)

Beim Ermitteln der Schichtdickenstreuung (siehe Abschnitt 5) ist die Werkstückhandhabung eine variable Einflußgröße. Eine systematische Variation der Werkstückhandhabung ist, infolge der in der Fertigung auftretenden Einrichtungsvielfalt, in dieser Untersuchung nicht vorgenommen worden (nur unvollkommene Simulation in Versuchsanlagen möglich).

Variable Versuchsparameter

Wie sich eine Änderung der übrigen Einflußgrößen (mit (V) in Bild 15 gekennzeichnet) im Rahmen der konstruktiven und fertigungstechnischen Maßnahmen auf die größte Schichtdicke an den Paßflächenkanten auswirkt, ist durch systematische Variation der einzelnen Einflußgrößen ermittelt worden.

Für die experimentelle Untersuchung werden die Einflußgrößen entsprechend der Theorie des Entstehens der Schichtdickenverteilung auf der Kathode (Bild 5) geordnet (Bild 16).

Abschnitt	Beeinflußte Grundgröße	überwiegend beeinflußte Verteilung	in erster Näherung konstante Grundgrößen	variable Einflußgröße	Maßnahme zum Ändern der Einflußgröße (Bild 15)	Zuordnung der Einflußgröße (Bild 15)	Meßgröße für die Auswirkung einer Einflußgrößenänderung
4.1	elektrisches Feld im Elektrolysebehälter	primäre Stromdichteverteilung	Transportvorgänge + Nebenreaktionen	Werkstückgeometrie	konstruktiv	Werkstückeigenschaft	Schichtdicke (Wellen + Bohrungen)
				Galvanisierzeit	fertigungstechnisch	Einstellgröße	Schichtdicke (Welle)
				Anodengeometrie	fertigungstechnisch	Anlageneigenschaft	Schichtdicke (Wellen)
				Behältergeometrie	fertigungstechnisch	Anlageneigenschaft	Schichtdicke (Wellen)
4.2	Transportvorgänge an der Kathode	sekundäre Stromdichteverteilung	elektrisches Feld + Nebenreaktionen	anorganische Elektrolytzusammensetz.	fertigungstechnisch	Elektrolyteigenschaft	Polarisationsbeiwert
				anorganische + organische Elektrolytzusammensetz.	fertigungstechnisch	Elektrolyteigenschaft	Polarisationsbeiwert + Schichtdicke (Welle)
				mittlere Stromdichte	fertigungstechnisch	Einstellgröße	Schichtdicke (Wellen)
				Werkstückbewegung	fertigungstechnisch	Einstellgröße	Schichtdicke (Wellen)
				Elektrolytbewegung	fertigungstechnisch	Einstellgröße	Schichtdicke (Wellen)
4.3	Nebenreaktionen an der Kathode	Schichtdickenverteilung	elektr. Feld + Transportvorgänge (sekundäre Stromverteilung)	anorganische + organische Elektrolytzusammensetz.	fertigungstechnisch	Elektrolyteigenschaft	Stromausbeute
4.4	elektrisches Feld + Transportvorgänge	sekundäre Stromdichteverteilung	Nebenreaktionen	Geometrie der Werkstückkante	konstruktiv	Werkstückeigenschaft	Schichtdicke (Wellen)

Bild 16: Gliederung der experimentellen Untersuchung (variable Einflußgrößen)

Die Einflußgrößen sind danach eingeteilt, ob durch sie überwiegend

- das elektrische Feld
- die Transportvorgänge an der Kathode
- die Nebenreaktionen an der Kathode

beeinflußt werden. Auf diese Weise wird gezeigt, wie sich Änderungen der primären und der sekundären Stromdichteverteilung auf die größte Schichtdicke auswirken und welchen Einfluß die Stromausbeute hat.

Beim Untersuchen der einzelnen variablen Versuchsparameter werden die anderen jeweils konstant gehalten. Eine Ausnahme macht nur die Werkstückgeometrie, deren Einfluß bei einer Reihe von Versuchen zusätzlich ermittelt wird (Bild 16).

3.2 Versuchsbedingungen

Angegeben wird die Größe der konstanten Versuchsparameter und die Bereiche, in denen die Variablen verändert werden.

3.2.1 Schichtmetalle und Sollschichtdicke

Schichtmetalle

Schichtmetalle, Sollschichtdicke und Werkstückgeometrien sind praxisnah ausgewählt worden. Eine Befragung von Industriebetrieben (Kamerahersteller, Nähmaschinenhersteller u.a.), bei denen die Schichtdickenverteilung auf Paßteilen von Bedeutung ist, hat ergeben, daß Nickel und Zink die häufigsten Schichtmetalle beim Galvanisieren von Stahlteilen sind. Messingwerkstücke werden ausschließlich vernickelt.

Nickel schützt Stahl und Messing nur dann vor Korrosion, wenn es ausreichend dick abgeschieden wird und die Schicht dicht ist. Es ist einer Beanspruchung durch Druck und Reibung gewachsen und unterliegt nur einer schwachen Eigenkorrosion.

Zink ist unedler als Stahl und schützt daher auch bei Poren und kleinen Schichtverletzungen gegen Korrosion. Eine Zinkschicht unterliegt einer größeren Eigenkorrosion; das Aussehen der Werkstücke wird deshalb rasch verändert. Chromatierung verzögert die Korrosion der Zinkschicht, verhindert sie aber nicht. Die geringe Härte der Zinkschicht kann die Funktion der beschichteten Teile beeinträchtigen /43/.

Sollschichtdicke (mittlere Schichtdicke):

- Vernickeln

  Nach DIN 50 967 wird als ausreichende Schichtdicke beim Vernickeln eine Sollschichtdicke von s_o = 12 µm angesehen. Dünnere Schichten, die erheblich mehr Poren aufweisen, werden für Teile im Geräteinnern und selten ohne zusätzlichen Korrosionsschutz durch Einölen angewendet. Dickere Schichten kommen nur bei Geräten in Betracht, die erhöhter Beanspruchung ausgesetzt sind (Tropen).

  Bei den folgenden Versuchen sind (mit Ausnahme der Untersuchungen in Abschnitt 4.1.2 und 4.2.3) folgende Werte konstant:

  Galvanisierdauer: t = 10 min
  mittlere Stromdichte: i_o = 6 A/dm²

  Bei einer Stromausbeute η_k = 100 % ergibt sich nach dem Faradayschen Gesetz (1) eine Sollschichtdicke s_o =12,3 µm.

  Bei der für die Vernickelung in sauren Elektrolyten (Watts-Typ) allgemein anzunehmenden Stromausbeute η_k = 98 % ergibt sich die Sollschichtdicke s_o = 12 µm.

- Verzinken

Um in der Untersuchung vergleichbare Schichtdickenwerte zu erzielen, ist die Galvanisierdauer beim Verzinken so gewählt worden, daß wie bei der Vernickelung eine Sollschichtdicke s_o = 12 µm entsteht (siehe Abschnitt 4.2.2). Diese Schichtdicke ist nach DIN 50 961 für die Beanspruchungsstufe 3 (stark) vorgesehen; für Teile im Geräteinnern sind jedoch häufig die Schichtdicken entsprechend den Beanspruchungsstufen 2 (8 µm Zn-Schichtdicke) bzw. 1 (5 µm Zn-Schichtdicke) ausreichend.

3.2.2 Elektrolyte

Nickelelektrolyte:

Zum Vernickeln kleiner Wellen und gebohrter Flachteile werden Watts'sche Nickelbäder eingesetzt, deren wesentlicher Bestandteil Nickelsulfat ($NiSO_4 \cdot 7\,H_2O$) ist. Daneben enthält dieser Elektrolyt Borsäure (H_3BO_3) und Nickelchlorid ($NiCl_2 \cdot 6\,H_2O$). Das Nickelchlorid verbessert die Anodenlöslichkeit und die Elektrolytleitfähigkeit /44/. Die Puffersubstanz Borsäure wird verwendet, um den pH-Wert über längere Zeit konstant zu halten und Veränderungen des Elektrolyts aufzufangen, die durch Hydrolyse und H^+-Ionenverbrauch bei der Elektrolyse auftreten (44, 45).

Änderung der Elektrolyteigenschaften in der vorliegenden Untersuchung :

Die Elektrolyteigenschaften werden durch die Elektrolytzusammensetzung bestimmt. Man unterscheidet die Zusammensetzung des anorganischen Elektrolytanteils (sogenannter "Grundansatz") und der überwiegend organischen Elektrolytzusätze.

Für den betrieblichen Einsatz im betrachteten Industriebereich steht eine große Zahl handelsüblicher Glanznickelelektrolyte zur Verfügung. Es ist nicht üblich, daß die organischen Zusätze ("Glanzbildner", "Einebner" usw.) von den Fertigungsbetrieben abgeändert oder neu entwickelt werden. Es besteht dagegen für die Fertigung die Möglichkeit, aus der Palette der angebotenen Elektrolyte den hinsichtlich der geforderten Eigenschaften bestgeeigneten auszuwählen.

Aus diesem Grund wird in dieser Untersuchung gezeigt, wie sich Elektrolyte, die in der Fertigungstechnik eingesetzt werden, hinsichtlich der entstehenden Metallverteilung unterscheiden. Dies erfolgt durch Ermitteln des kathodischen Polarisationsbeiwertes als Funktion der Stromdichte und durch Messen der Schichtdickenverteilung bei ausgewählten Versuchsteilen.

Die Gruppe der ausgewählten Glanznickelelektrolyte umfaßt nur solche des Watts'schen Typs (Bild 17). Während sich die Elektrolyte im Nickelionengehalt nur wenig unterscheiden, sind im Chloridionengehalt größere Unterschiede zu erkennen. Alle Elektrolyte enthalten organische Elektrolytzusätze (Netzmittel, Glanzbildner und Einebner).

Bezeichnung		A	B	C	D	E	F	G	H
Nickelionengehalt	g/l	75	80	63	77	75	70	70	75
Chloridionengehalt	g/l	14	24	43	15	20	60	12	20
Borsäuregehalt	g/l	45	42	38	40	40	20	38	40

Bild 17: Analysenwerte der ausgewählten Glanznickelelektrolyte

Den Fertigungsbetrieben ist es außerdem möglich, die Zusammensetzung des anorganischen Elektrolytanteils, den Grundansatz zu variieren, um die Elektrolyte an die betrieblichen Forderungen anzupassen. Der Einfluß des Grundansatzes auf die Schichtdickenverteilung wird deshalb anhand des kathodischen Polarisationsbeiwertes für Nickelelektrolyte untersucht (siehe Abschnitt 4.2.1.1).

Die Zusammensetzung der zusatzfreien Elektrolyte ist in drei Versuchsreihen so variiert worden, daß die unterschiedlichen Zusammensetzungen des anorganischen Elektrolytanteils der handelsüblichen Glanzelektrolyte erfaßt sind. Auf diese Weise ist zu erkennen, wie sich die Stromdichte-Potential-Kurven zusatzhaltiger Elektrolyte von denen der zusatzfreien unterscheiden (siehe Abschnitt 4.2.1.1).

Die drei Versuchsreihen umfassen das

- Ändern des Nickelionengehaltes von 20 g/l bis 120 g/l bei konstantem Chloridionengehalt von 20 g/l.
- Ändern des Nickelionengehaltes von 15 g/l bis 120 g/l bei konstantem Chloridionengehalt von 60 g/l.
- Ändern des Chloridionengehaltes von 0 g/l bis 96,6 g/l (Grenze der Löslichkeit) bei konstantem Nickelionengehalt von 80 g/l.

Für die Versuche mit konstanter (anorganischer und organischer) Elektrolytzusammensetzung ist der Elektrolyt B (Bild 17) gewählt worden:

Nickelionengehalt	Ni^{2+}	= 80 g/l
Chloridionengehalt	Cl^{-}	= 24 g/l
Borsäuregehalt	H_3BO_3	= 42 g/l
Elektrolyttemperatur	T	= 55 °C

Außerdem sind folgende Zusätze des Elektrolytherstellers verwendet worden: "Netzmittel", "Glanzmittel 1. und 2. Art" und "Einebner". Der Elektrolyt ist eingearbeitet und in einem Vorversuch überprüft worden. Nach einer Belastung mit 0,7 Ah/l tritt unter sonst gleichen Bedingungen keine Verbesserung der Metallverteilung mehr ein. Die abgeschiedenen Schichten sind glänzend und zeigen mittlere Einebnung der Grundmetallrauheit.

Der pH-Wert des Nickelelektrolyts beträgt pH 4,2 bis pH 4,3. Wählt man den pH-Wert zu niedrig, wird die kathodische Stromausbeute im Bereich geringer Stromdichte sehr niedrig und durch die starke Wasserstoffentwicklung besteht die Gefahr der Versprödung des galvanisierten Bauteils /46/. Wählt man den pH-Wert zu hoch, kann Nickelhydroxid entstehen, das in die Nickelschicht mit eingebaut wird und Aussehen und Korrosionsbeständigkeit der Schicht verschlechtert /47/.

Zinkelektrolyte:

Anders als beim Vernickeln hat sich beim Verzinken kein bestimmter Elektrolyttyp durchsetzen können; folgende Typen werden eingesetzt /48-51/:

- cyanidischer Elektrolyt
- alkalisch-cyanidfreier Elektrolyt (Zinkat-Elekrolyt)
- saurer Elektrolyt (saurer, chloridhaltiger Elektrolyt; ammoniumfreier, chloridhaltiger Elektrolyt; Sulfat-Elektrolyt)

Da die Bedeutung des cyanidischen Elektrolyts in den Fertigungsbetrieben, aufgrund der aufwendigen und teuren Abwasserentgiftung und der Giftigkeit des Elektrolyts zurückgehen wird, ist er nicht in diese Untersuchung einbezogen worden.

Die Gruppe der alkalisch-cyanidfreien Elektrolyte wird seltener eingesetzt. Der Zinkat-Elektrolyt muß statt der Cyanide andere Komplexbildner enthalten, um eine glänzende Schicht mit ausreichender Einebnung zu erzeugen /52/. Vorteile liegen darin, daß der Elektrolyt ungiftig ist, eine gute Metallverteilung ergibt und nicht so hohe Entgiftungskosten wie der cyanidische verursacht. Nachteilig ist die geringe anwendbare Stromdichte, die schwierige Badkontrolle und die geringe Einebnung /48, 52, 53/. Ein Teil der untersuchten Elektrolyte gehört zu dieser Gruppe (Elektrolyte a, b und c).

Die in die Untersuchung einbezogenen sauren Zinkelektrolyte enthalten als Leitsalz Ammoniumverbindungen. Außerdem sind sie alle chloridhaltig (Elektrolyte d, e, f, g und h).

Bereich der Änderung der Zinkelektrolyte (Bild 18):

Es handelt sich ausschließlich um Glanzzinkelektrolyte mit organischen Elektrolytzusätzen.

Bezeichnung		a	b	c	d	e	f	g	h
Zinkionengehalt	g/l	14	9	25	50	33	50	25	50
Chloridionengehalt	g/l	-	-	-	150	160	182	140	165
fr. Natriumhydroxid	g/l	155	120	210	-	-	-	-	-
pH - Wert		13	13	13	4,5 bis 5,5				

Bild 18: Analysenwerte der ausgewählten Glanzzinkelektrolyte

3.2.3 Geometrie und Werkstoff der Versuchsteile

Aus dem Teilespektrum verschiedener Hersteller feinwerktechnischer Geräte sind typische Versuchsteile ausgewählt worden. Die Untersuchung hat ergeben, daß Werkstücke, die zusammengefügt eine Passung Welle-Bohrung bilden, meist folgendes Aussehen aufweisen:
Wellen haben auf einer, oft auch auf beiden Seiten einen Wellenabsatz. Dessen Durchmesser ist das Paßmaß. Bohrungen befinden sich in ebenen, flächigen Bauteilen, die häufig aus Blech ausgeschnitten sind. Gehäuse, Zahnräder und Hebel sind dafür typische Bauteile. Als Versuchsteile sind deshalb Wellen mit unterschiedlichem Wellenabsatz und quadratische Flachteile mit unterschiedlicher Bohrung gewählt worden (Bild 19).

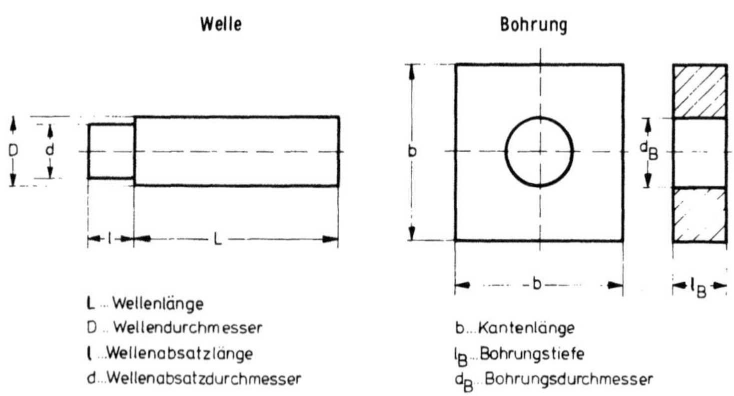

Bild 19: Geometrie der Versuchsteile

Bei den Wellen ist die Länge L = 30 mm und der Wellendurchmesser D = 10 mm, bei den Teilen mit Bohrung die Kantenlänge b = 20 mm bei allen Versuchen gleich. Die Maße des Wellenabsatzes (Absatzlänge l und Absatzdurchmesser d) und die Maße der Bohrung (Bohrungslänge l_B und Bohrungsdurchmesser d_B) sind:

Welle:	d	mm	1	1	1	1	2	2	2	2	4	4	4	4	8	8	8	8
	l	mm	2	4	8	16	2	4	8	16	2	4	8	16	2	4	8	16

Bohrung:	d_B	mm	1	1	1	1	2	2	2	2	4	4	4	4	8	8	8	8
	l_B	mm	1	2	4	8	1	2	4	8	1	2	4	8	1	2	4	8

Nach Vorversuchen sind für die Durchmesser- und Längenmaße Normzahlen (aus Normzahlreihe R 10, DIN 323) gewählt worden, um einerseits der Tatsache Rechnung zu tragen, daß die kleinen Durchmesser- und Längenmaße häufiger vorkommen und um andererseits bei der Darstellung der Versuchsergebnisse im Bereich großer Kurvenkrümmung mehr Meßpunkte zu erhalten.

Der Werkstoff für die Wellen ist 9 S 20 K (Werkstoff-Nr. 1.0711). Ausgangsmaterial sind gezogene Stangen. Die Bearbeitung des Wellenabsatzes erfolgt durch Drehen. Durch geringe Spanabnahme und langsame Vorschubbewegung wird, wie in den für die Schichtdickenmessung hergestellten Querschliffen (Bild 56) zu erkennen ist, eine nahezu gratfreie scharfe Kante am Absatzende erreicht.

Die Teile mit Bohrungen sind teils aus Feinblech (bei l_B = 1 mm und l_B = 2 mm), teils aus gezogenem Stangenmaterial (bei l_B = 4 mm und l_B = 8 mm) gefertigt. Die quadratischen Werkstoffabschnitte sind gebohrt, zum Entfernen des Bohrgrates auf beiden Seiten geschliffen, auf einer Zweischeibenläppmaschine geläppt und anschließend ausgerieben worden. Auf diese Weise sind scharfkantige Bohrungen herstellbar. Mitunter stehenbleibende, feine

Grate haben eine so geringe Grathöhe, daß die Schichtdickenverteilung an der Bohrungskante und auf der zylindrischen Paßfläche als unbeeinflußt angesehen werden kann. Die Teile sind aus folgenden Werkstoffen: St 12 (Werkstoff-Nr.: 1.0330) in Form von Feinblech (DIN 1623) und St 37 (Werkstoff-Nr.: 1.0110) in Form von Stangenmaterial.

Die Vorbehandlung vor dem Galvanisieren, durch die auf dem Werkstück eine hydrophile Oberfläche erzeugt werden soll, ist in üblicher Weise vorgenommen worden (kathodische und anodische Entfettung mit anschließendem Dekapieren). Eine Veränderung der Paßflächendurchmesser durch die Vorbehandlung ist nicht beobachtet worden.

3.2.4 Meßgrößen der Schichtdickenverteilung

Die mit galvanisierten Werkstücken erreichbare Passungsqualität hängt von der Veränderung der Paßflächengeometrie und des Paßmaßes durch die abgeschiedene Schicht ab (Bild 20).

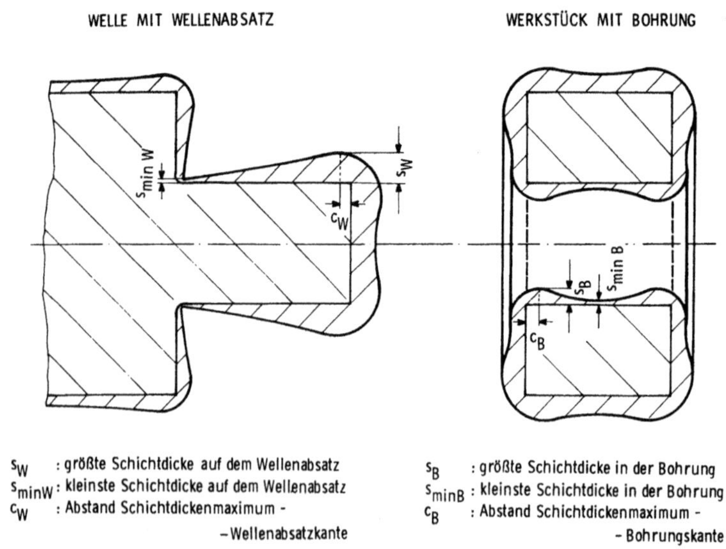

Bild 20: Skizze der entstehenden Metallverteilung und ermittelte Meßwerte (Metallverteilung überhöht dargestellt)

Formänderung:

Geht man von einer guten Fertigung aus, findet bei einer Preßpassung eine Pressung auf der gesamten Fläche, auf der sich Bohrung und Welle überdecken statt. Bei einer Spielpassung liegt, unter der Voraussetzung fluchtenden Zusammenbaus, eine Linienberührung vor. Die beim Galvanisieren entstehende Metallverteilung hat jedoch bei der Preßpassung eine Linienberührung und bei der Spielpassung eine Punktberührung zur Folge. Wie groß z.B. die Konizität zwischen Wellenabsatzkante und dem Übergang Wellenabsatz zu Wellenbund ist, kann man aus den später folgenden Schaubildern (z.B. Bild 26) ersehen, wenn man berücksichtigt, daß die kleinste Schichtdicke s_{minW} geringer als 6 µm ist. Die Schichtdickenverteilung zwischen dem Schichtdickenmaximum s_W auf der Wellenabsatzkante und der minimalen Schichtdicke ist jedoch nur in erster Näherung linear (Bild 30). Auch in der Bohrung liegt keine lineare Schichtdickenverteilung vor (Bild 31). Ein Erfassen der Formänderung ist durch Ermitteln kennzeichnender Meßwerte (Bild 20) möglich. Es zeigt sich, daß bei den untersuchten Wellenabsätzen die Minimalschichtdicken stets bei $3\ \mu m \leq s_{minW} \leq 6\ \mu m$ liegen und die Abstände c_W zwischen dem Schichtdickenmaximum (mit der größten Schichtdicke s_W) und der Absatzkante klein (im Mittel $c_W = 30\ \mu m$) gegenüber der Absatzlänge ($l \geq 2$ mm) sind.

Bei den untersuchten Bohrungen erreicht die kleinste Schichtdicke auf der Paßfläche bei kleinem Nennmaß ($d_B \leq 2$ mm) häufig den Wert $s_{minB} = 0\ \mu m$ und bei großem Nennmaß ($d_B = 8$ mm) den gleichen Wert wie die größte Schichtdicke ($s_{minB} \approx s_B$). Der Abstand c_B zwischen Schichtdickenmaximum und Bohrungskante ist vom Bohrungsdurchmesser abhängig.

Maßänderung:

Die Maßänderungen von Wellen und Bohrungen beeinflussen das Spiel oder Übermaß der Passungen und die bei der Montage auftretenden Kräfte und Verformungen. Die durch das Galvanisieren hervorgerufenen Maßänderungen werden im folgenden durch die größten Schichtdicken auf dem Wellenabsatz (s_W) und in der Bohrung (s_B) dargestellt (Bild 20). Da beim Galvanisieren die Bohrungsachse der Versuchsteile senkrecht zu den Anodenflächen ist (Bild 21), sind bei den Teilen mit Bohrungen keine systematischen Schichtdickenänderungen über den Bohrungsumfang vorhanden. Bei den Wellen ist die Achse parallel zu den Anodenflächen ausgerichtet (Bild 21). Auf dem Wellenumfang gibt es daher anodennahe und anodenferne Bereiche. Um die größte Schichtdicke zu bestimmen, wird an den anodennahen Stellen gemessen.

Schichtdickenmessung:

In einer vergleichenden Untersuchung sind mehrere, für das Ermitteln der größten Schichtdicke auf der Paßfläche kleiner Wellen und Bohrungen infrage kommende Meßverfahren einander gegenübergestellt worden (siehe Abschnitt 7.2, Anhang).

Als vorteilhafteste Meßmethode hat sich das Messen der größten Schichtdicke in der 1000-fach vergrößerten Projektion des metallographischen Querschliffs erwiesen.

3.2.5 Werkstückhandhabung

Alle Versuchsteile sind in gleicher Ausrichtung zu den Anoden beschichtet und mit möglichst geringen Übergangswiderständen an die Stromquelle angeschlossen worden. Die Wellen sind einzeln auf einen Werkstückträger aufgeschraubt gewesen (Bild 21).

Für die Untersuchung des Einflusses der Werkstückhandhabung (siehe Abschnitt 5.2.1) wurde ein Werkstückträger zur Aufnahme von 16 Wellen verwendet (Bild 65).

Während des Galvanisierens ist die Wellenachse horizontal und parallel zu den Anodenflächen ausgerichtet. Die gebohrten Teile sind mit Kupferdraht in ein Gestell gebunden. Gestell und

Befestigungsdrähte sind isoliert, um die Verfälschung des Stromlinienfeldes möglichst gering zu halten. Die Bohrungsachse ist senkrecht zu den Anodenflächen und die Kanten der gebohrten Werkstücke parallel zu den Behälterwandungen ausgerichtet.

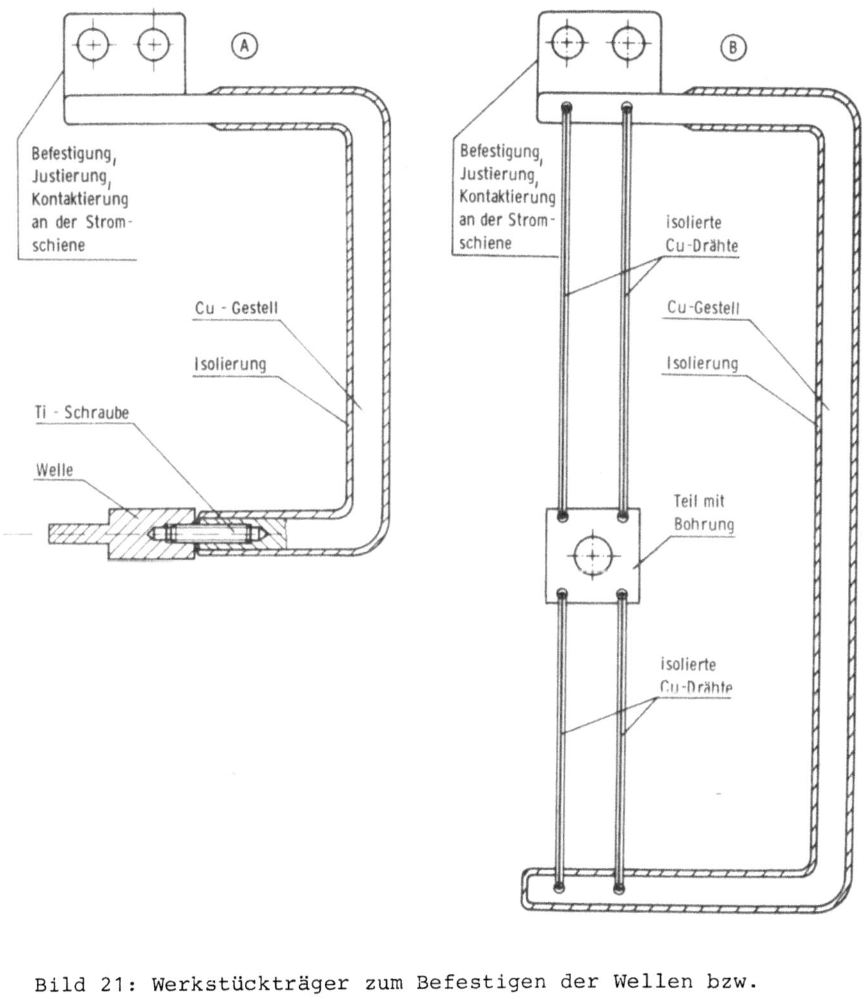

Bild 21: Werkstückträger zum Befestigen der Wellen bzw. der gebohrten Versuchsteile

3.3 Versuchsanlage

3.3.1 Elektrolysebehälter

Die Einflüsse der Behältergröße sind in drei verschieden großen, einander geometrisch ähnlichen Elektrolysebehältern (Bild 22) untersucht worden.

Abmessungen der Versuchselektrolysebehälter:

Bezeichnung	Länge	Breite	Füllhöhe
Behälter G	800 mm	400 mm	400 mm
" M	400 mm	200 mm	200 mm
" K	200 mm	100 mm	100 mm

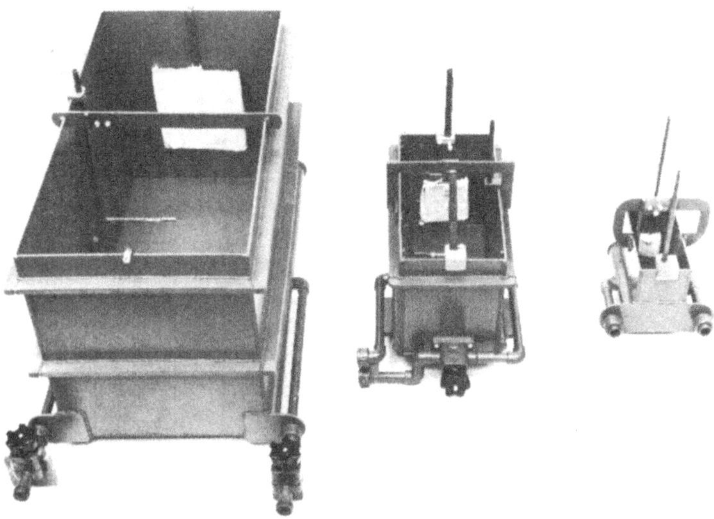

Bild 22: Geometrisch ähnliche Elektrolysebehälter

Der mittelgroße Elektrolysebehälter, der für die Untersuchung der anderen Einflußgrößen Verwendung findet, ist nach folgenden Bedingungen erstellt worden:

- Der Anoden-Kathoden-Abstand ist mit e_{AK} = 200 mm praxisgerecht gewählt.
- Das Elektrolytvolumen ist genügend groß, um schnelle Änderungen der Elektrolytzusammensetzung durch Verbrauch und Alterung auszuschließen.
- Die Stromlinienverteilung in der Elektrolysezelle wird durch Fremdkörper wie Badwärmer oder Rührer nicht gestört.

Der Elektrolyt wird von einem Vorratsgefäß, in dem er erwärmt wird, über einen Filter in den jeweiligen Elektrolysebehälter gepumt und fließt von dort wieder in den Vorratsbehälter zurück (Bild 23, 24). Die Versuchsteile werden im Mittelpunkt des Elektrolytraumes aufgehängt.

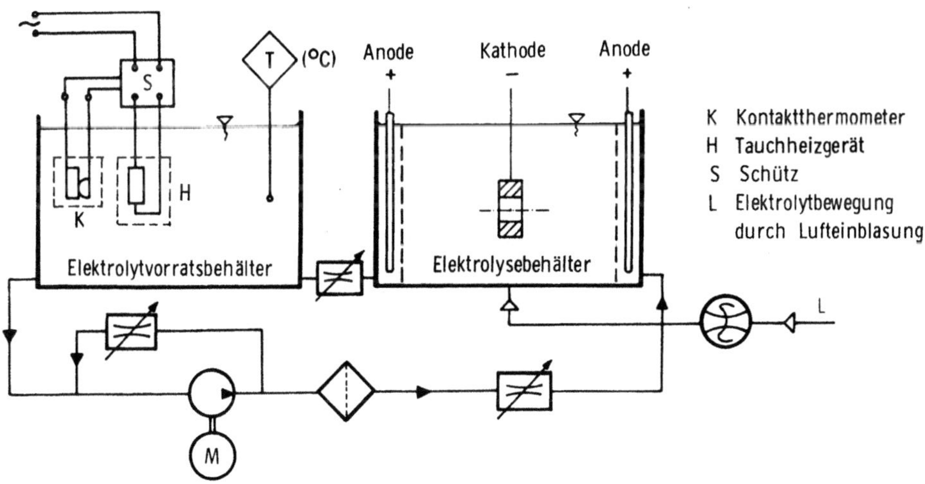

Bild 23: Schema der Versuchs-Galvanisieranlage

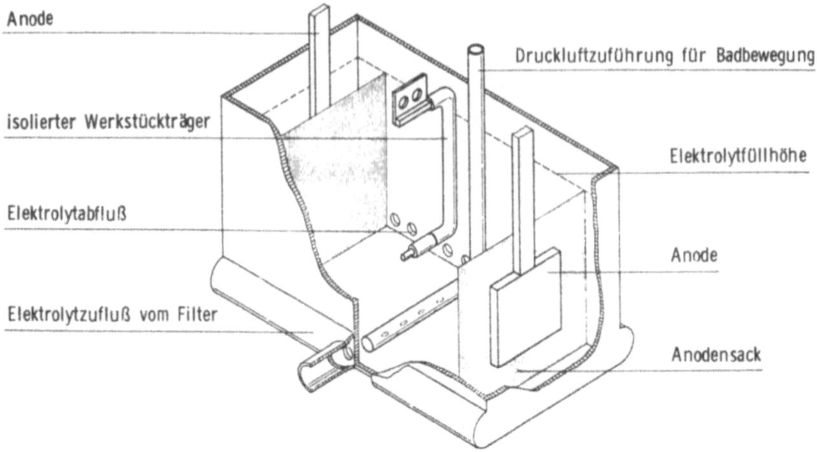

Bild 24: Aufbau der Elektrolysezelle

Die Versuchsanlage (Bild 25) besteht aus folgenden Elementen: Pumpe-Filter-Einheit, Vorratsbehälter mit Einrichtung zur Elektrolyterwärmung, Elektrolysebehälter mit Anoden und Halterung für den Werkstückträger. Die Stromversorgung besteht aus einer Gleichstromquelle mit Konstantstromregelung und Strommeßgerät.

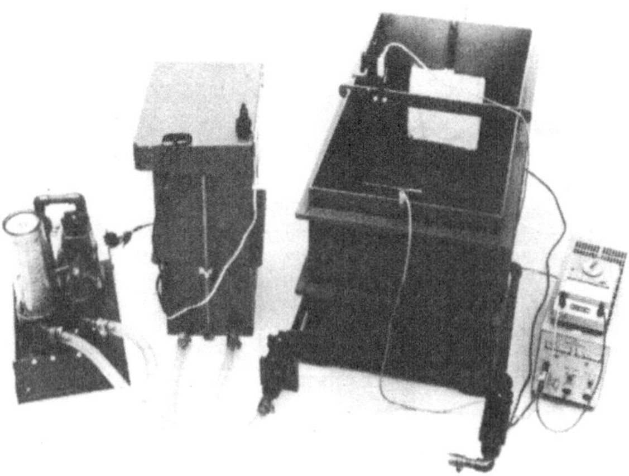

Bild 25: Galvanisieranlage (Behälter G)

3.3.2 Anoden

In der Fertigung wird die Anodenfläche größer als die Kathodenfläche gewählt, um hohe anodische Stromdichten zu vermeiden, die das Passivieren der Anoden bewirken und damit ihre Auflösung verhindern können. Wie in der Fertigung üblich, sind zwei gegenüberliegende Seiten des Elektrolysebehälters mit gleich großen Anoden bedeckt.

Der Einfluß der Anodengröße auf die Schichtdickenverteilung der untersuchten Versuchsteile wird mit drei verschieden großen, plattenförmigen Anoden untersucht.

Abmessungen der Anoden:

Bezeichnung	Breite	Höhe	Dicke
Anode 50	50 mm	50 mm	10 mm
" 100	100 mm	100 mm	10 mm
" 200	200 mm	200 mm	10 mm
" 400	400 mm	400 mm	10 mm

3.3.3 Einrichtung zur Elektrolyt- und Werkstückbewegung

Elektrolytbewegung

Die Elektrolytbewegung erfolgt durch Einblasen ölfreier Druckluft aus einem Rohr am Behälterboden (Bild 24). Die je Zeiteinheit eingeblasene Druckluftmenge kann mit einem Nadelventil eingestellt und mit einem Schwebekörper-Luftmengenmesser gemessen werden.

Die Elektrolytbewegung wird durch den Volumenstrom Q der eingeblasenen Luft gekennzeichnet. Er wird in der Praxis auf unterschiedliche Größen bezogen, die hier folgende Werte haben:

Die Größe der Kathodenfläche ist A_K = 1 120 mm², das Elektrolytvolumen des mittleren Behälters V_E = 16 l und die Länge des durchbohrten Einblasrohres L_R = 200 mm.

Für die Versuche sind drei unterschiedlich intensive Bewegungen gewählt worden: eine schwache Elektrolytbewegung (Q_1 = 0,25 m³/h), eine der Praxis entsprechende Bewegung (Q_2 = 0,3 m³/h) und eine größtmögliche (Q_3 = 1,2 m³/h), die durch das Mitreißen des Elektrolyts aus dem Elektrolysebehälter gegeben ist.

Werkstückbewegung:

Zum Ermitteln des Einflusses der Werkstückbewegung auf die Schichtdickenverteilung wird eine vertikale Werkstückbewegung eingesetzt. Sie wird mit einem drehzahlsteuerbaren Getriebemotor und einem Kurbelgetriebe vorgenommen. Die Kurbel bewegt eine in Gleitlagern geführte Stange, an deren unterem Ende der Werkstückträger (Bild 21) angebracht ist.

Bei der Werkstückbewegung kann aus der Hubfrequenz f_H und der Amplitude der Werkstückbewegung l_H die mittlere Kathodengeschwindigkeit $\bar{v}_K$ bestimmt werden:

$$\bar{v}_K = 2 \cdot f_H \cdot l_H \tag{28}$$

Die von den Elektrolytherstellern angegebenen Kathodengeschwindigkeiten haben einen Mittelwert von etwa $\bar{v}_K$ = 3 m/min. Die Versuche erstrecken sich auf den Bereich
0 m/min $\leq \bar{v}_K \leq$ 7,3 m/min bei einer Bewegungsamplitude von l_H = 100 mm.

4 Ergebnisse der experimentellen Untersuchung

4.1 Ändern der primären Stromdichteverteilung

Der Einfluß der geometrischen Größen auf die Schichtdickenverteilung auf Wellen und in Bohrungen ist bei konstanter mittlerer Stromdichte $i_o = 6\ A/dm^2$ und mit einem Elektrolyt (Glanznickelelektrolyt B) untersucht worden. Der Einfluß der Größen, welche die sekundäre Stromdichteverteilung bestimmen, ist bei diesen Versuchen unwesentlich.

4.1.1 Kathodengeometrie

Wellen:

Bei drei Serien von Versuchsteilen (siehe Seite 67) sind nach dem Galvanisieren die größten Schichtdicken im Querschliff gemessen worden. Die mittlere Schichtdicke beträgt mit $\eta_k = 100\ \%$ $s_o = 12{,}3\ \mu m$ (siehe Seite 61). Der Elektrolyt ist durch Einblasen von Druckluft bewegt worden ($Q = 0{,}5\ m^3/h$).

Es ergeben sich für jedes Versuchsteil j zwei Meßwerte für die größte Schichtdicke (s_{Wj1}; s_{Wj2}). Werden n Versuchsteile gleicher Geometrie galvanisiert, kann die größte Schichtdicke s_W als arithmetischer Mittelwert $\bar{s}_W$ angegeben werden:

$$\bar{s}_W = \frac{s_{W1.1} + s_{W1.2} + s_{W2.1} + s_{W2.2} + \ldots + s_{Wn.1} + s_{Wn.2}}{2\ n} \qquad (29)$$

Der Unterschied zwischen den beiden an einem Teil gemessenen größten Schichtdicken ist ebenso groß, wie die Streuung der an mehreren Versuchsteilen ermittelten Werte für die größte Schichtdicke. Zur Versuchsauswertung sind die arithmetischen Mittelwerte der Messungen und die Näherungskurven durch diese Mittelwerte als Kurvenschar mit dem Absatzdurchmesser als Parameter dargestellt (Bild 26). Da die Streuung bei allen Versuchen ähnlich den dargestellten Werten ist, wird im folgenden auf die Angabe von Einzelwerten verzichtet.

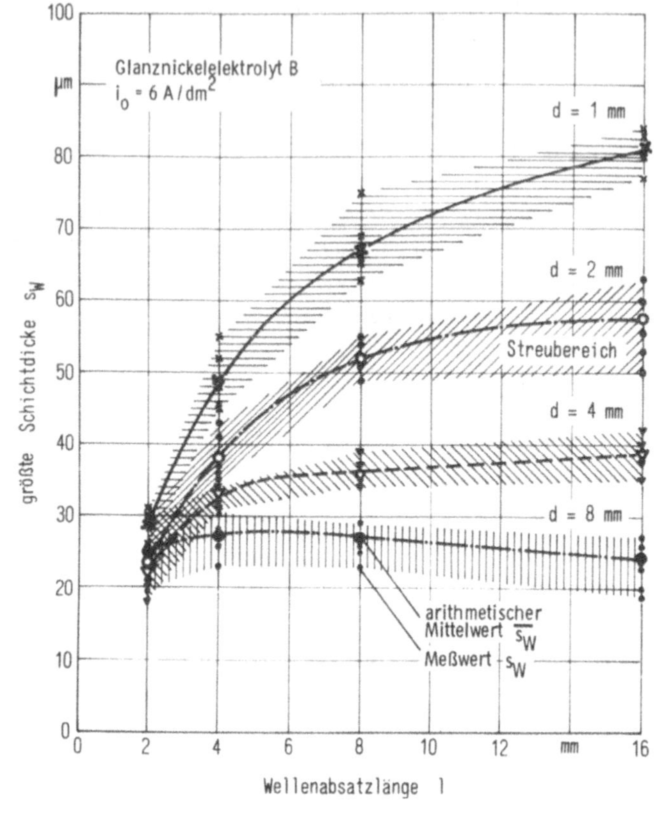

Bild 26: Streubereich und Näherungskurve der Mittelwerte der größten Schichtdicke an Wellenabsatzkanten

Beim Galvanisieren der Versuchsteile überdecken sich viele Einflüsse. Ideale Galvanisierbedingungen (z.B. unendlich großer Elektrolytraum) sind nicht herzustellen. Bei den Kurven der entstehenden Kurvenschar machen sich sowohl bei geringen wie auch bei großen Wellenabsatzlängen verfahrens- und anlagentechnische Grenzen bemerkbar (Bild 27).

Die Kurven können nicht bis zum Nullpunkt extrapoliert werden, da die größte Schichtdicke auf der Paßfläche bei kürzer werdendem Wellenabsatzdurchmesser nicht unter einen, im allgemeinen über der Sollschichtdicke liegenden Wert s_{Wk} sinkt.

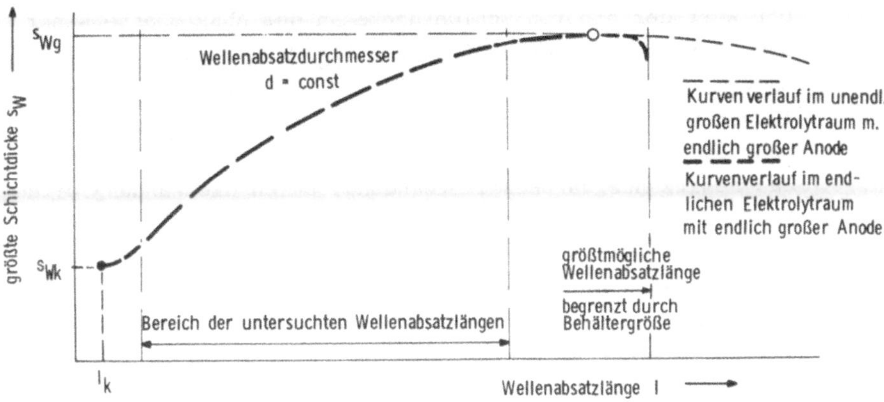

Bild 27: Darstellung der Versuchsergebnisse; prinzipieller Kurvenverlauf

Außerdem kann eine größte Schichtdicke unterhalb einer Wellenabsatzlänge l_k nicht mehr ermittelt werden, da am Ende des Wellenabsatzes kein Schichtdickenmaximum mehr auftritt (Bild 28).

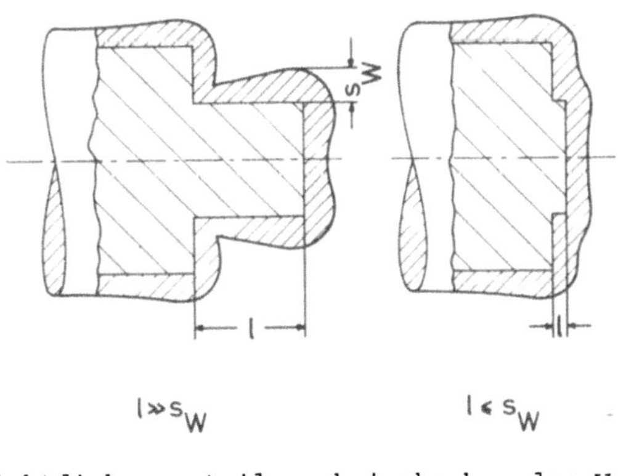

Bild 28: Schichtdickenverteilung bei abnehmender Wellenabsatzlänge (Prinzipbild)

Der Grund liegt darin, daß bei geringeren Wellenabsatzlängen als etwa 1 mm der Einfluß der Makrostreufähigkeit ab- und der Einfluß der Mikrostreufähigkeit (siehe Abschnitt 2.1.4) zunimmt.

Der Wert der größten Schichtdicke an der Absatzkante sinkt nach Erreichen eines Größtwertes s_{Wg} wieder ab (Bild 27). Dafür gibt es zwei Gründe (Bild 29): Einerseits wird bei länger werdendem Wellenabsatz der Abstand zwischen Absatzende und Anodenkante wieder größer, andererseits nähert sich das Absatzende der Behälterwandung. Durch die Wandung wird die Stromlinienverteilung beeinflußt. Auf den Werkstückflächen, die an die Wandung grenzen, entsteht eine gleichmäßigere Schichtdickenverteilung /17, 54/. Der Einfluß der verfahrens- und anlagentechnischen Grenzen ist im Bereich der untersuchten Wellenabsatzlängen gering.

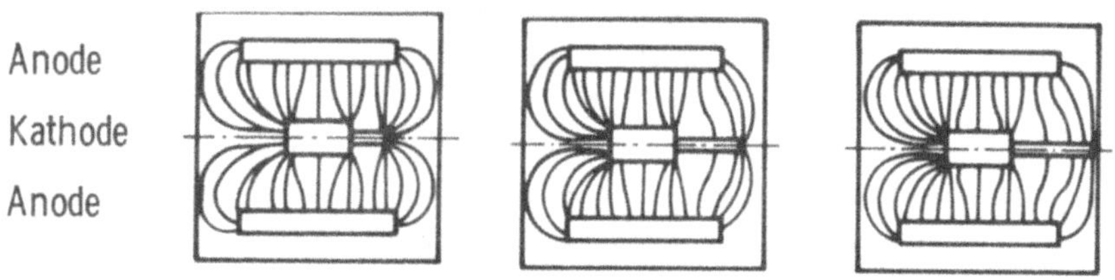

Bild 29: Werkstückvarianten im Elektrolysebehälter (Prinzipbild)

Die Wellenabsatzlänge wirkt sich je nach Wellenabsatzdurchmesser unterschiedlich auf die größte Schichtdicke auf der Paßfläche aus (Bild 26). Sie ist bei den Absätzen mit d = 8 mm Durchmesser nur wenig abhängig von der Absatzlänge und beträgt etwa das Doppelte der Sollschichtdicke. Bei Wellenabsätzen mit einem Durchmesser d = 1 mm hängt die Schichtdicke deutlich von der Absatzlänge ab und erreicht bei langen Wellenabsätzen (l = 16 mm) mehr als das Siebenfache der Sollschichtdicke.

Aus der überhöht gezeichneten Schichtdickenverteilung (Bild 30) ist die Schichtdickenzunahme zur Wellenabsatzkante hin sowie die geringe Schichtdicke an der Übergangsstelle der Paßfläche zum kreisförmigen Bund zu erkennen.

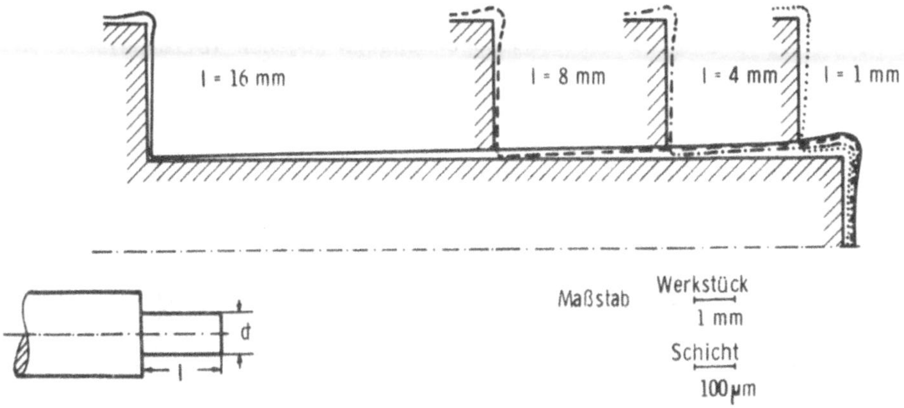

Bild 30: Schichtdickenverteilung bei Wellen. Veränderliche Absatzlänge, konstanter Absatzdurchmesser (d = 4 mm) Beschichtung: Glanznickelelektrolyt B

Bohrungen:

Unter den gleichen Bedingungen wie beim Galvanisieren der Wellen sind vier Serien gebohrter Teile vernickelt worden. Die Schichtdickenverteilung in der Bohrung kann sehr ungleichmäßig sein (Bild 31).

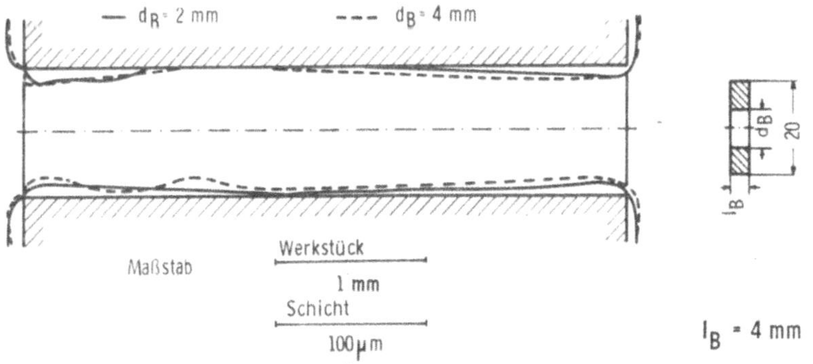

Bild 31: Schichtdickenverteilung in Bohrungen

Teilweise ist keine Nickelschicht vorhanden. An den scharfen Bohrungskanten ist eine Übereinebnung festzustellen, d.h. die Schicht erreicht ein Minimum an der Kante. Ein Schichtdickenmaximum, durch das die Bohrung verengt wird, ist jedoch stets vorhanden. Bei geringen Bohrungslängen ist ein Einfluß des Bohrungsdurchmessers gegeben (Bild 32).

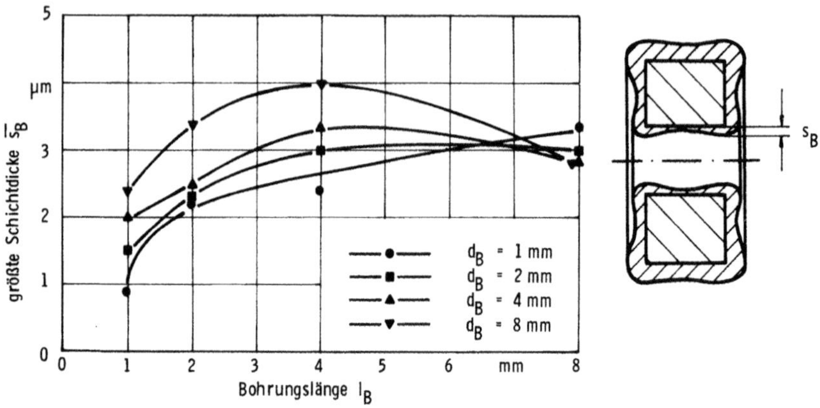

Bild 32: Größte Schichtdicke in Bohrungen verschiedener Geometrie

Die Schichtdicke auf der Paßfläche an der Bohrungskante nimmt mit größer werdendem Bohrungsdurchmesser zu, erreicht jedoch die Sollschichtdicke (s_o = 12,3 µm) nicht.

Bei Bohrungen ist die Zahl der Meßwerte doppelt so groß wie bei den Wellen. Da die Schichtdicke gering ist, machen sich jedoch Meßfehler bemerkbar. Die Meßwerte zeigen bei Teilen gleicher Geometrie eine große Streuung (bis 100 % des Mittelwertes). Beim gegebenen Teilespektrum ist der größte Mittelwert der Schichtdicke in Bohrungen $\bar{s}_B$ = 4 µm, d.h. die Schichtdicke an den Bohrungsrändern erreicht nur ein Drittel der Sollschichtdicke.

Außer beim Ermitteln des Einflusses unterschiedlicher Kantenbearbeitungen auf die Schichtdickenverteilungen, werden gebohrte Versuchsteile im folgenden nicht weiter untersucht, da

- die größte Schichtdicke in den Bohrungen des untersuchten Geometriespektrums so gering ist, daß der Einfluß auf die Bohrungsqualität klein bleibt.
- die größte Schichtdicke in Bohrungen, infolge des geringen Betrages und der großen Meßwertstreuung nicht geeignet ist, den Einfluß der verschiedenen Versuchsparameter zu verdeutlichen.

Die Wirkung der fertigungstechnischen Einflußgrößen auf die größte Schichtdicke in der Bohrung entspricht jedoch qualitativ der bei Wellen.

4.1.2 Galvanisierzeit

Mit zunehmender Galvanisierdauer wird die Wellenabsatzkante immer mehr durch die Beschichtung verändert. Durch diese Veränderung der Kathodengeometrie (Werkstückkante) wird die primäre und, wie in den Abschnitten 2.1.4 und 4.4.1 ausgeführt, auch die sekundäre Stromdichteverteilung beeinflußt. Das ist der Grund dafür, daß die größte Schichtdicke auf der Wellenabsatzfläche nicht linear zunimmt (Bild 33).

4.1.3 Anodengeometrie

Die Anodengeometrie und damit die primäre Stromlinienverteilung in der Elektrolysezelle kann in den Fertigungsbetrieben durch Wegnehmen oder Hinzufügen einzelner Anoden oder Anodenkörbe geändert werden.

Der Einfluß der Anodengeometrie wird deshalb im Versuch mit vier verschieden großen Anoden (siehe Abschnitt 3.3.2) in den drei zur Verfügung stehenden Elektrolysebehältern (Behälter K, M, G; Abschnitt 3.3.1) ermittelt. Versuchsteile: gesamtes Spektrum der abgesetzten Wellen.

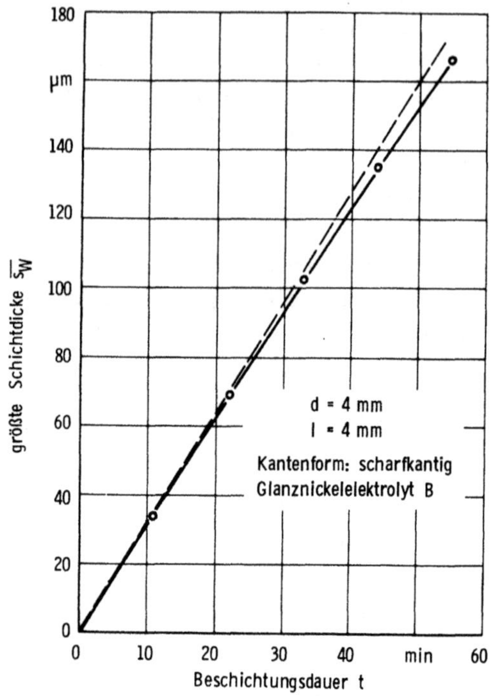

Bild 33: Zeitliche Schichtdickenzunahme an der Wellenabsatzkante

Der Einfluß der Anodenfläche wird beim Vernickeln im größten Elektrolysebehälter sichtbar (Bild 34). Mit zunehmender Anodenfläche nimmt die größte Schichtdicke zu, wie ein Vergleich der größten mit der kleinsten Anodenfläche ergibt. Außer bei dünnen, langen Wellenabsätzen ist der Einfluß gering. Beim Galvanisieren im kleinen und mittleren Elektrolysebehälter (Behälter K und M) ist die Meßwertstreuung größer als der Einfluß des untersuchten Parameters.

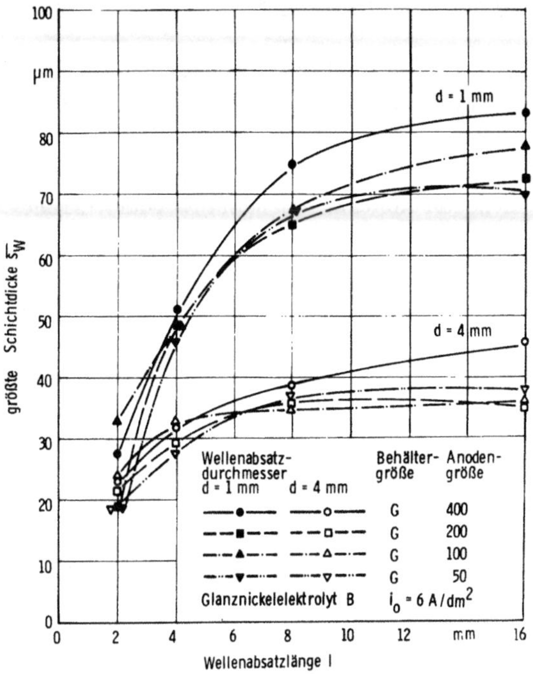

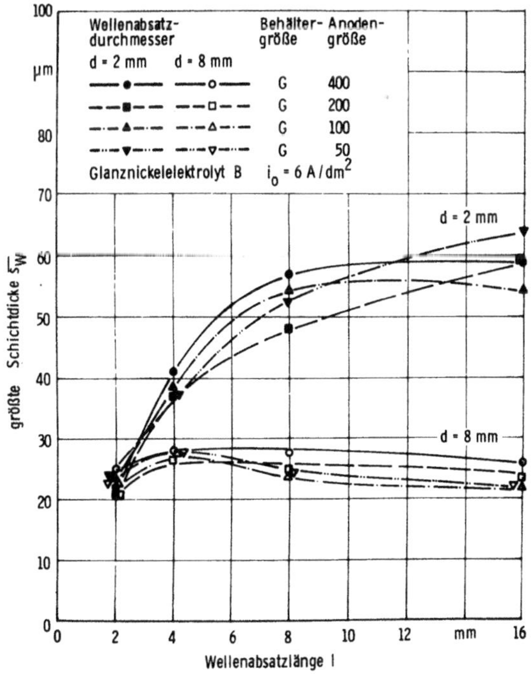

Bild 34:
Einfluß der Anodenfläche auf die größte Schichtdicke an Wellenabsatzkanten

4.1.4 Geometrie des Elektrolysebehälters

Werden gleiche Werkstücke in unterschiedlich großen Elektrolysebehältern galvanisiert, können folgende Einflüsse auftreten:

- Durch Länger- oder Kürzerwerden des Elektrolysebehälters kann der Anoden-Kathoden-Abstand geändert werden (siehe Seite 48 und Seite 55).
- Wird der Elektrolysebehälter schmaler oder breiter, ändert sich die Stromlinienverteilung besonders in dem Bereich (Randbereich), der für die Stromdichteverteilung auf den Randzonen der Werkstücke (z.B. Wellenabsatzende) maßgebend ist (siehe Seite 49).

Anoden-Kathoden-Abstand:

Zum Einstellen unterschiedlicher Anoden-Kathoden-Abstände e_{AK} sind die Anoden (A 400) im großen Elektrolysebehälter verschoben worden. Auf diese Weise ist es möglich, Abstände von 165 mm bis 400 mm einzustellen. Innerhalb dieser Grenzen liegen die meisten in der Fertigung vorliegenden Abstände; Das Meßergebnis erlaubt jedoch auch eine über diesen Bereich hinausgehende Extrapolation.

Einerseits ist der Anodenabstand so klein wie möglich zu machen, da hierdurch die Spannung ("Badspannung") bestimmt wird und damit bei konstantem Strom die Kosten der zugeführten Energie. Andererseits darf zum Verhindern von Kurzschlüssen beim Eintauchen und Bewegen der Werkstücke ein Mindestabstand nicht unterschritten werden.

Der Versuch bestätigt die mit der Modellvorstellung (Bild 12) getroffene Aussage (Tabelle 8, Seite 126). Je größer die Stromdichteunterschiede sind, die am Werkstück auftreten, desto ausgeprägter ist die ausgleichende Wirkung einer Vergrößerung des Anoden-Kathoden-Abstandes.

Behälterquerschnitt:

Der Einfluß des Behälterquerschnitts ist mit den drei beschriebenen Elektrolysebehältern (Bild 22) untersucht worden /55/.

Das Ergebnis, das mit Anoden, die jeweils die gesamte Stirnfläche des Behälters bedecken, erreicht wurde (Bild 35), zeigt keinen systematischen Einfluß des Behälterquerschnitts. Unter Berücksichtigung der Meßunsicherheit entsteht auf Werkstücken der untersuchten Art die gleiche Schichtdickenverteilung, wenn das Galvanisieren in unterschiedlich großen Anlagen erfolgt, die aber geometrisch ähnlich sind.

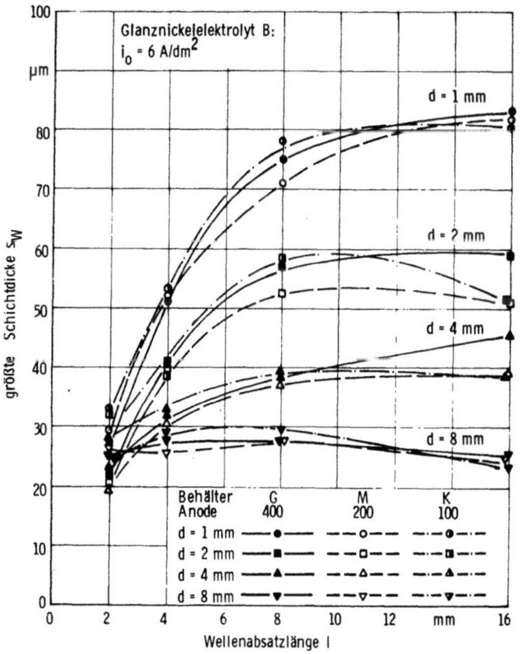

Bild 35:
Einfluß der Größe des Elcktrolysebehälters auf die größte Schichtdicke auf dem Wellenabsatz (Anodenfläche entsprechend Behältergröße geändert)

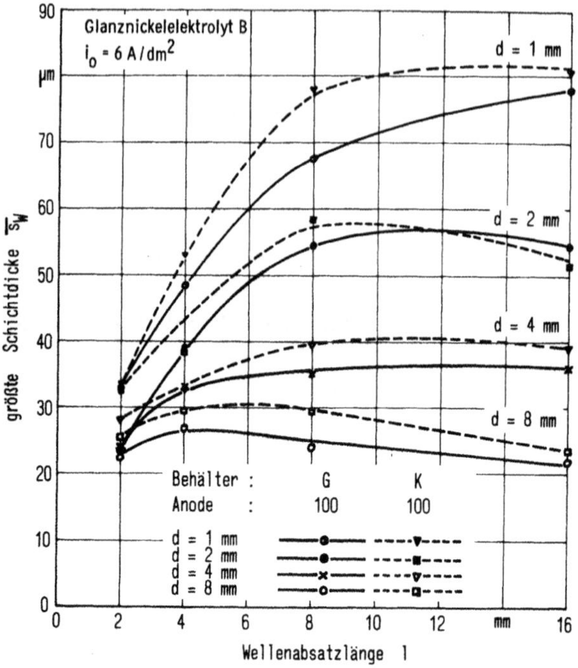

Bild 36: Ändern der Elektrolysebehältergröße (konstante Anodenfläche)

Wird nur die Größe des Elektrolysebehälters verändert, die Anodenfläche jedoch konstant gehalten, überwiegt der Einfluß des Anoden-Kathoden-Abstandes gegenüber dem Einfluß der Querschnittvergrößerung (Bild 36). Im großen Behälter, in dem der Abstand e_{AK} = 400 mm viermal größer ist als im kleinen, ist die auf den Wellenabsätzen entstehende Schichtdicke gleichmäßiger.

4.2 Ändern der sekundären Stromdichteverteilung

Die für die sekundäre Stromdichteverteilung maßgeblichen Einflüsse sind schon genannt worden (Bild 5):

- Die primäre Stromdichteverteilung kann in den folgenden Versuchen als konstant angenommen werden, da die geometrischen Einflußgrößen nicht verändert werden.
- Die Polarisation ist abhängig von der Elektrolytzusammensetzung, der Elektrolyttemperatur, der örtlichen Stromdichte und der Diffusionsschichtdicke (als Folge der Relativbewegung zwischen Kathode und Elektrolyt).
- Die Leitfähigkeit ist bestimmt durch die Elektrolytzusammensetzung und die Elektrolyttemperatur (zum Einfluß der Temperatur siehe Seite 55).

Welchen Einfluß die Elektrolytzusammensetzung (anorganischer und organischer Elektrolytanteil) auf die sekundäre Stromdichteverteilung hat, wird mit Hilfe des Polarisationsbeiwertes (Gleichung 22, Seite 52) und bei drei ausgesuchten Glanznickelelektrolyten auch an der Wirkung auf die größte Schichtdicke auf Wellenabsätzen gezeigt.

Messen der Polarisation:

Zum Bestimmen der Stromdichte-Potential-Kurven wird die potentiodynamische Messung nach DIN 50 980 gewählt. Der gewählte Meßaufbau mit rotierender, zylindrischer Kathode ist in Abschnitt 7 .3 (Anhang) beschrieben (einschließlich Angaben zur Meßgenauigkeit).

Messen der Leitfähigkeit:

Die Leitfähigkeitsmessung ist mit einer Meßelektrode in einem beheizten Gefäß bei 55 °C ± 0,2 °C vorgenommen worden. Bei einer Temperaturerhöhung um 10 °C erhöht sich die Leitfähigkeit um etwa 15 %.

4.2.1 Ermitteln des Polarisationsbeiwertes

4.2.1.1 Polarisationsbeiwerte von Ni-Elektrolyten mit unterschiedlichem Grundansatz

Polarisation:

Der Grundansatz ist in drei Versuchsreihen verändert (siehe Abschnitt 3.2.2; Seite 64) worden.

Bei niederem Chloridionengehalt wird das Kathodenpotential mit zunehmendem Nickelgehalt edler (Bild 37).

Bei hohem Chloridionengehalt von 60 g/l nimmt die Polarisation bis zu einer Nickelionenkonzentration von 80 g/l ab und steigt bei größeren Werten wieder an (Bild 38). Es kann daraus geschlossen werden, daß bis zum Nickelionengehalt von 80 g/l die Nickelsalze gut dissoziieren, darüber jedoch nicht mehr. Die nicht dissoziierten Moleküle behindern die Wanderung der potentialbestimmenden Ionen. Bei einem Nickelionengehalt von 80 g/l nimmt die Polarisation mit zunehmendem Chloridionengehalt ab (Bild 39). Sie ist nur bei niedrigem Chloridionengehalt und höherer Stromdichte größer als bei handelsüblichen Glanznickelelektrolyten (Bild 42).

Aus den Stromdichte-Potential-Kurven der zusatzfreien Nickelelektrolyte ist zu ersehen:

- Geringer Chlorid- und Nickelionengehalt vergrößert die Polarisation
- Hoher Nickel- bei niedrigem Chloridionengehalt und hoher Chlorid- bei niedrigem Nickelionengehalt verringern die Polarisation.

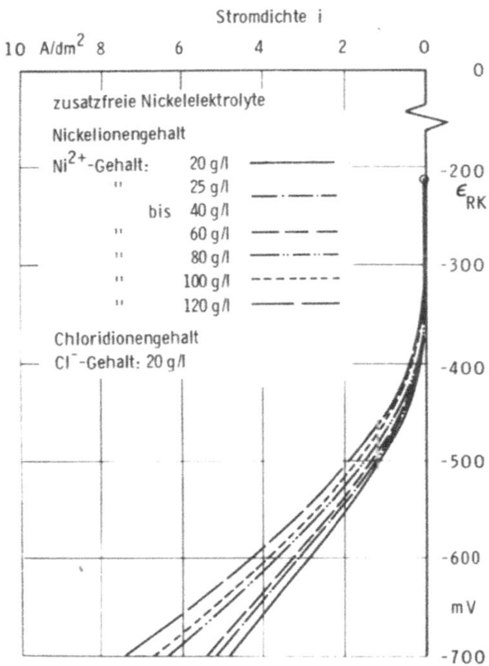

Bild 37: Änderung des Kathodenpotentials mit dem Nickelionengehalt bei niedrigem Chloridionengehalt

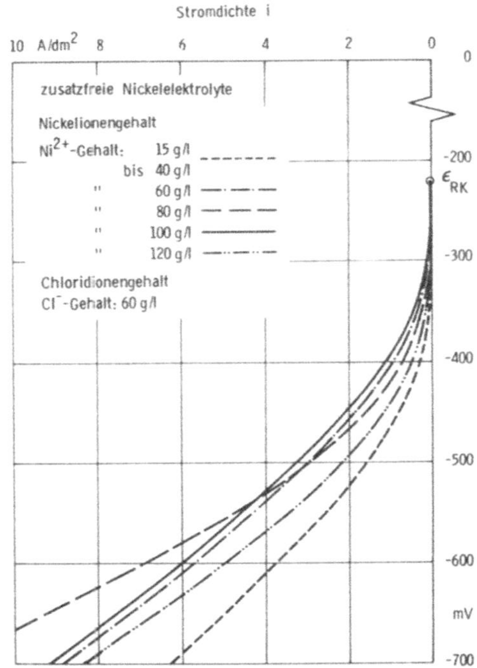

Bild 38: Änderung des Kathodenpotentials mit dem Nickelionengehalt bei hohem Chloridionengehalt

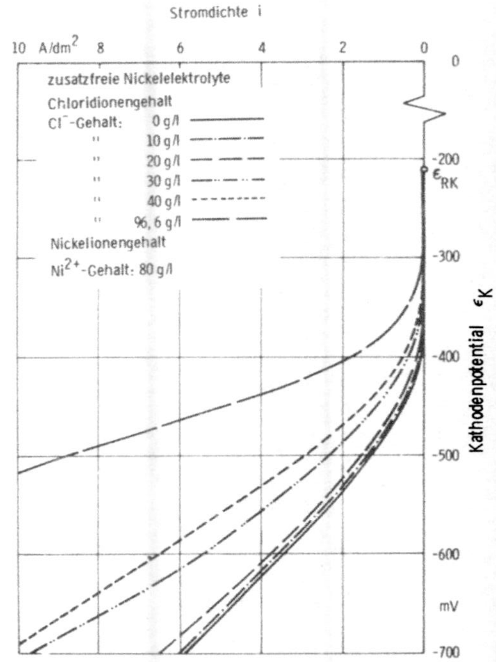

Bild 39: Änderung des Kathodenpotentials mit dem Chloridionengehalt bei hohem Nickelionengehalt

Im Vergleich zu den Stromdichte-Potential-Kurven der Glanznickelelektrolyte (Bild 42) ist zu erkennen, daß die Kurven der zusatzfreien Elektrolyte im unteren Stromdichtebereich eine geringere, im oberen Stromdichtebereich dagegen eine größere Steigung aufweisen.

Leitfähigkeit:

Die Messungen (Bild 40) ergeben, daß

- bei niederem Chloridionengehalt (20 g/l) die Leitfähigkeit mit zunehmendem Nickelionengehalt ansteigt.
- bei hohem Chloridionengehalt (60 g/l) die Leitfähigkeit mit zunehmendem Nickelionengehalt abnimmt, da mit zunehmendem Nickelsalzgehalt die Dissoziation zurückgeht.

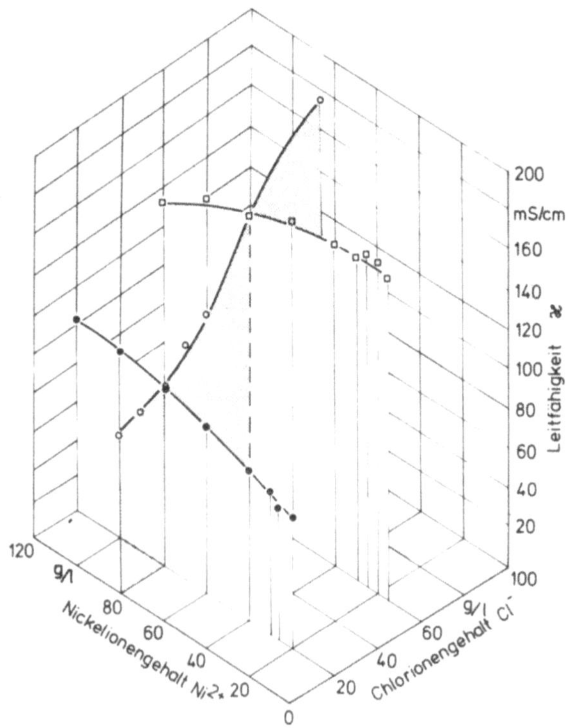

Bild 40: Einfluß des Grundansatzes auf die Leitfähigkeit zusatzfreier Nickelelektrolyte

- bei konstantem, hohem Nickelionengehalt (80 g/l) die Leitfähigkeit mit zunehmendem Chloridionengehalt wächst.

Ein nicht überschreitbares Maximum der Leitfähigkeitswerte wurde bei den Versuchen nicht erreicht. Das Chlorid hat für die Erhöhung der Leitfähigkeit eine wesentlich größere Bedeutung als das Sulfat.

Polarisationsbeiwerte:

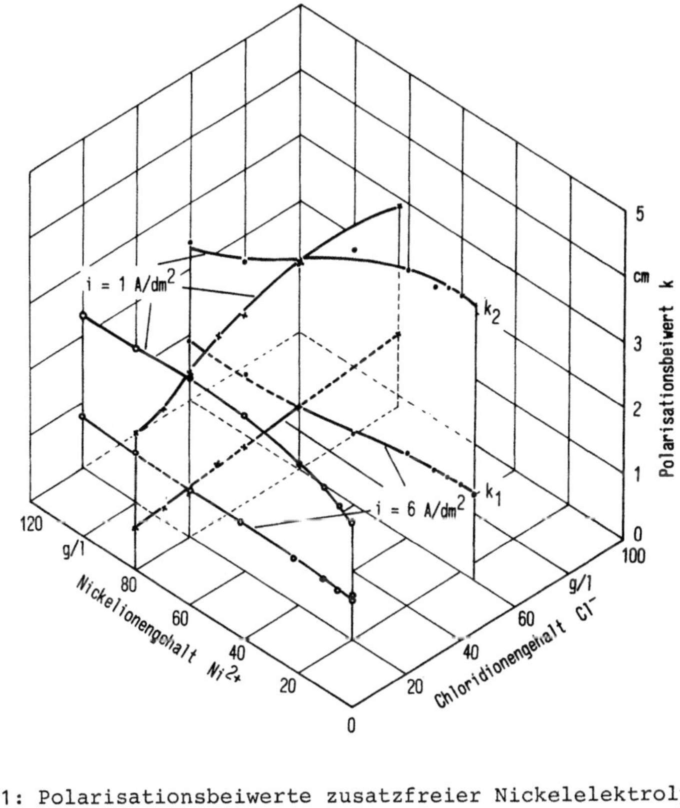

Bild 41: Polarisationsbeiwerte zusatzfreier Nickelelektrolyte

Der Polarisationsbeiwert zusatzfreier Elektrolyte ist bei höheren Stromdichten (z.B. i_o = 6 A/dm²) nur wenig vom Grundansatz abhängig (Bild 49). Er nimmt mit steigendem Chloridionengehalt etwas zu und ist vom Nickelionengehalt nahezu unabhängig. Die Änderungen von Polarisation und

Leitfähigkeit heben sich weitgehend auf. Bei niederen Stromdichten (z.B. i_o = 1 A/dm²) sind für den Polarisationsbeiwert dieselben Tendenzen wie bei der Leitfähigkeit festzustellen. Der Polarisationsbeiwert erreicht die größten Werte bei hohem Chlorid- und niederem Nickelionengehalt.

Durch geeignete Wahl des Grundansatzes kann man daher nur bei niederen mittleren Stromdichten eine gleichmäßigere Schichtdickenverteilung erreichen.

4.2.1.2 Polarisationsbeiwerte von Glanznickelelektrolyten

Polarisation:

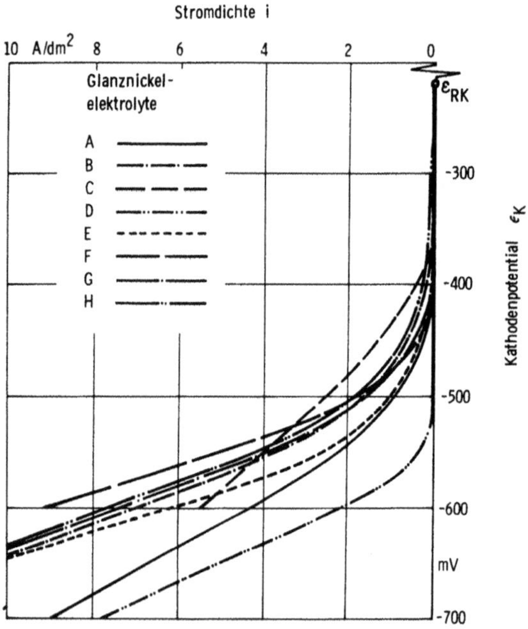

Bild 42: Stromdichte-Potential-Kurven der Glanznickelelektrolyte

Die Stromdichte-Potential-Kurven der Glanznickelelektrolyte (Bild 42) sind sich bis auf eine Ausnahme sehr ähnlich. Lediglich der Absolutwert des Potentials bei einer bestimmten

Stromdichte unterscheidet die Elektrolyte. Bei niedrigen Stromdichten erfolgt ein starker Anstieg der Polarisation Bei einer Stromdichte von i ≈ 1 A/dm² geht die Kurve dann in einen fast linearen Ast geringerer Steigung über. Der gegenüber anderen Elektrolyten abweichende Kurvenverlauf bei Elektrolyt C entspricht dem geringen Nickel-, bei höherem Chloridionengehalt (siehe auch Bild 38) und ist auf das nur wenig wirksame System der organischen Zusatzstoffe zurückzuführen.

Leitfähigkeit:

Ein Vergleich der Leitfähigkeitswerte der Glanznickelelektrolyte (Bild 43) mit den Werten der zusatzfreien Nickelelektrolyte (Bild 40) ergibt, daß die Glanznickelelektrolyte um bis zu 25 mS/cm höhere Leitfähigkeitswerte aufweisen, als es ihrem Grundansatz entspricht. Daraus ist zu ersehen, daß die firmenspezifischen Elektrolyt-Zusatzstoffe häufig leitfähigkeitserhöhend wirken.

Glanznickel-elektrolyt	Leitfähigkeit
A	0,097 S/cm
B	0,112 S/cm
C	0,117 S/cm
D	0,102 S/cm
E	0,103 S/cm
F	0,154 S/cm
G	0,091 S/cm
H	0,091 S/cm

Bild 43: Leitfähigkeit der Glanznickelelektrolyte

Polarisationsbeiwerte:

Das Verhältnis der Polarisationsbeiwerte k_2/k_1 (siehe Seite 53) ist umso kleiner, je kleiner die Steigung der Polarisationsbeiwert-Stromdichte-Kurve ist. Besonders bei höheren Stromdichten unterscheiden sich die Glanznickelelektrolyte nur noch wenig in der Steigung der Polarisationsbeiwert-Stromdichte-Kurve. Sie unterscheiden sich dagegen in der Höhe des Polarisationsbeiwertes.

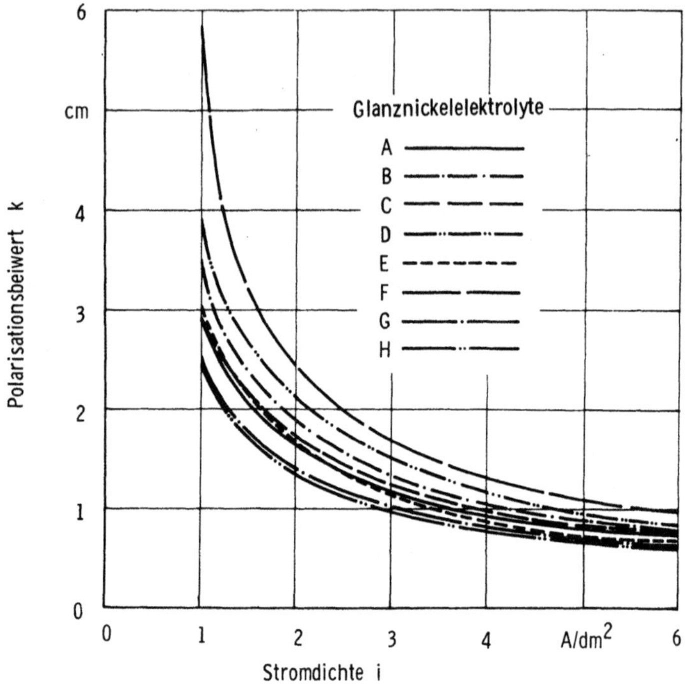

Bild 44: Polarisationsbeiwerte der Glanznickelelektrolyte

Dem Schaubild für Polarisationsbeiwerte der Glanznickelelektrolyte (Bild 44) kann man den Elektrolyt entnehmen, dessen sekundäre Stromdichteverteilung sich am deutlichsten von der primären Stromdichteverteilung unterscheidet. Die größte ausgleichende Wirkung liegt für die mittlere Stromdichte i_o = 6 A/dm² bei Elektrolyt F vor, der bei dieser Stromdichte den größten Polarisationsbeiwert aufweist, die geringste bei Elektrolyt H. Vergleicht man diese Darstellung mit den Stromdichte-Potential-Kurven (Bild 42) und den Leitfähigkeitswerten (Bild 43), so ist zu erkennen, daß der

Elektrolyt F trotz geringer Polarisation infolge seiner hohen Leitfähigkeit die gleichmäßigste sekundäre Stromdichteverteilung bewirkt.

4.1.2.3 Polarisationsbeiwerte von Glanzzinkelektrolyten

Polarisation:

Bei den Stromdichte-Potential-Kurven der handelsüblichen Glanzzinkelektrolyte sind größere Unterschiede zu erkennen (Bild 45). Das Ruhepotential liegt bei negativeren Werten als bei den Glanznickelelektrolyten. Die kathodische Polarisation erreicht bei fast allen Glanzzinkelektrolyten im betrachteten Stromdichtebereich größere Werte als bei den Glanznickelelektrolyten.

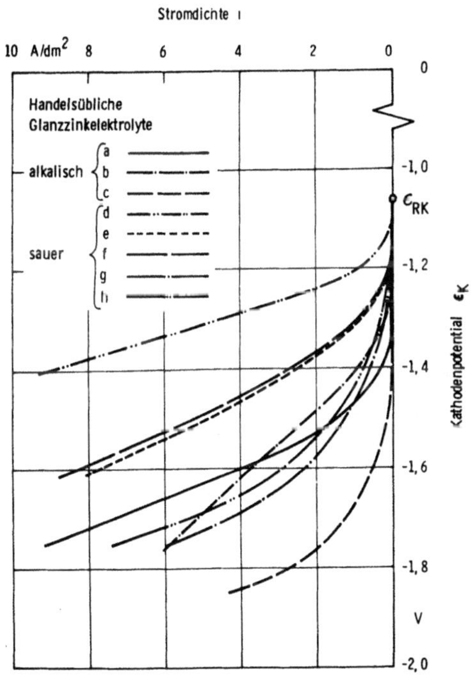

Bild 45: Stromdichte-Potential-Kurven handelsüblicher Glanzzinkelektrolyte

Glanzzinkelektrolyt	Leitfähigkeit
a	0,258 S/cm
b	0,339 S/cm
c	0,204 S/cm
d	0,213 S/cm
e	0,232 S/cm
f	0,271 S/cm
g	0,242 S/cm
h	0,230 S/cm

Bild 46: Leitfähigkeit der Glanzzinkelektrolyte

Leitfähigkeit:

Die Leitfähigkeit der Glanzzinkelektrolyte (Bild 46) ist deutlich größer, als die der Glanznickelelektrolyte. Im Zusammenhang mit der ebenfalls größeren Polarisation wird deutlich, daß die sekundäre Stromdichteverteilung bei den Zinkelektrolyten gleichmäßiger ist als bei den Nickelelektrolyten. Auch bei sauren Zinkelektrolyten, deren Stromausbeutekurven sich nur wenig von denen der Nickelelektrolyte unterscheiden, ist daher eine bessere Schichtdickenverteilung zu erwarten. Bei den alkalischen Zinkelektrolyten, bei denen die Stromausbeute mit zunehmender Stromdichte fällt (vergleiche Bild 55), wird die Schichtdickenverteilung noch gleichmäßiger.

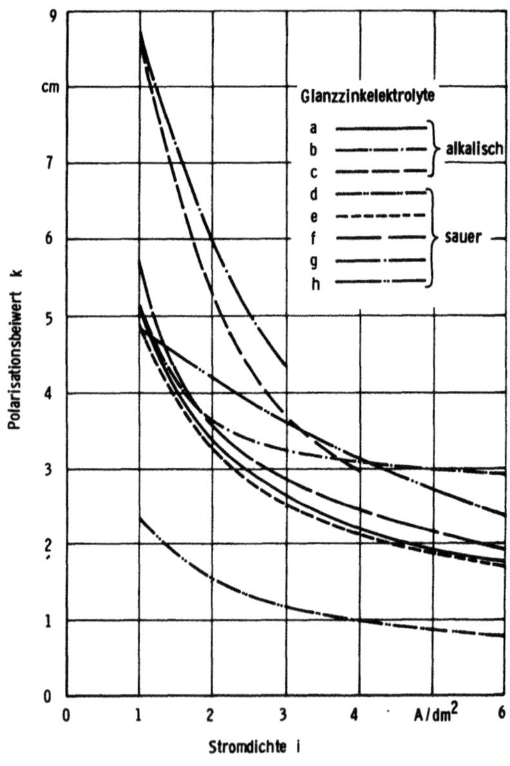

Bild 47: Polarisationsbeiwerte der Glanzzinkelektrolyte

Polarisationsbeiwerte:

Die Polarisationsbeiwerte der Glanzzinkelektrolyte haben wesentlich höhere Werte als die der Glanznickelelektrolyte (Bild 44). Der Verlauf dieser Kurven ist nicht so einheitlich wie bei den Glanznickelelektrolyten. Saure Elektrolyte (z.B. Elektrolyt h) und alkalisch cyanidfreie (z.B. Elektrolyt b) können bei üblichen Stromdichten eine ähnlich ausgleichende Wirkung auf die primäre Stromdichteverteilung haben. Die Makrostreufähigkeit, die zusätzlich von der kathodischen Stromausbeute abhängt (siehe Abschnitt 2.1.4), ist bei diesen Elektrolyten dagegen unterschiedlich.

4.2.2 Einfluß unterschiedlicher Elektrolyte auf die Schichtdickenverteilung auf den Absätzen kleiner Wellen

Bei den Versuchen in diesem und den beiden folgenden Abschnitten (Abschnitt 4.2.3 und 4.2.4) wird bei konstanten geometrischen Verhältnissen streng genommen der Einfluß der Makro- zusammen mit der Mikrostreufähigkeit ermittelt.

Da die Stromausbeute der Glanznickelelektrolyte außer bei niederen Stromdichten näherungsweise mit η_k = 100 % angenommen werden kann (Bild 54), ist deren Einfluß jedoch zu vernachlässigen. Das Versuchsergebnis zeigt deshalb den Einfluß der Parameter, die die sekundäre Stromdichteverteilung bewirken.

Einfluß unterschiedlicher Glanznickelelektrolyte:

Aus dem Schaubild (Bild 44) ist der Glanznickelelektrolyt mit der größten (F) und mit der geringsten (H) ausgleichenden Wirkung auf die primäre Stromdichteverteilung bei der Stromdichte i_o = 6 A/dm² ermittelt worden.

Die Ergebnisse der Schichtdickenmessung an der Wellenabsatzkante für diese beiden Elektrolyte sind mit den Werten für den Elektrolyt B verglichen, mit dem alle anderen Parameter untersucht worden sind (Bild 48).

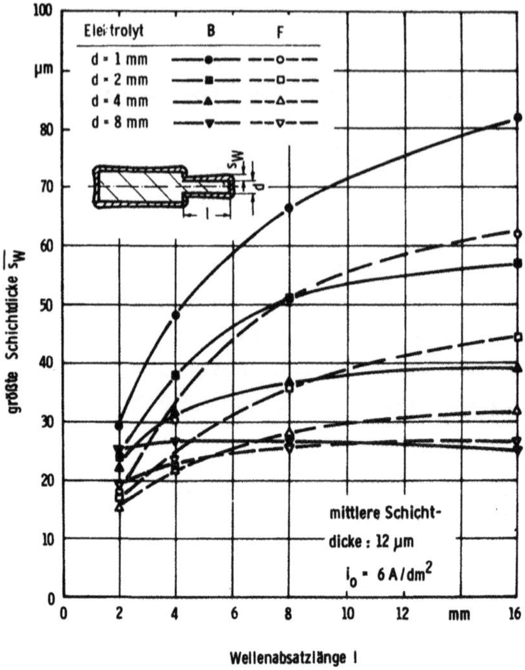

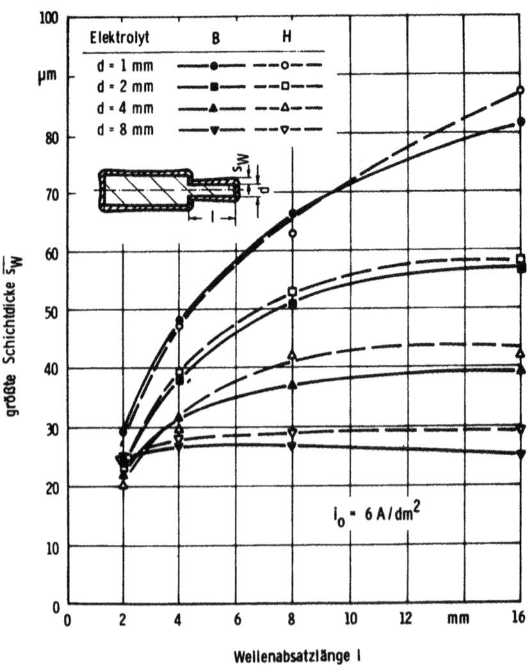

Bild 48:
Größte Schichtdicke
bei unterschiedlichen
Glanznickelelektrolyten

Einfluß des größeren Polarisationsbeiwertes eines sauren Glanzzinkelektrolyts:

Um zu verdeutlichen, wie sich die größeren Polarisationsbeiwerte von Zinkelektrolyten auswirken, sind Versuchsteile in einem sauren Glanzzinkelektrolyt (Elektrolyt h) beschichtet worden, der eine Stromausbeute von $\eta_k \approx 94$ % (näherungsweise unabhängig von der Stromdichte) aufweist. Die Galvanisierzeit ist so festgelegt worden, daß bei der Stromdichte i_o = 6 A/dm² das Volumen des abgeschiedenen Metalls und damit auch die mittlere Schichtdicke s_o (Sollschichtdicke) gleich ist wie bei der Glanzvernicklung im Elektrolyt B.

Aus dem Vergleich der Schichtdicken (Bild 49) ist zu ersehen, daß sich bei der Glanzverzinkung in einem sauren Elektrolyt eine ähnlich ausgleichende Wirkung auf die primäre Stromlinienverteilung erreichen läßt wie bei der Glanzvernicklung in einem Elektrolyt mit hohem Polarisationsbeiwert.

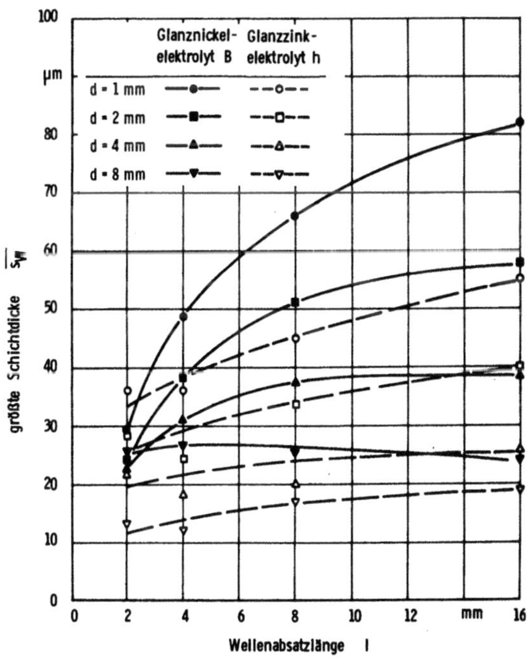

Bild 49: Vergleich der Schichtdicke auf vernickelten und verzinkten Wellenabsatzkanten

4.2.3 Einfluß der mittleren Stromdichte

Es ist zu erwarten, daß die Stromdichteverteilung umso gleichmäßiger wird, je niedriger die mittlere Stromdichte gewählt wird. Durch die hohen Polarisationsbeiwerte bei niederen Stromdichten wird auf die primäre Stromdichteverteilung ein starker ausgleichender Einfluß ausgeübt.

Bei Glanznickelelektrolyten wird aber bei geringen mittleren Stromdichten durch den Einfluß der Stromausbeute die Schichtdickenverteilung negativ beeinflußt, da die kathodische Stromausbeute bis zu einer Stromdichte von $i \approx 3$ A/dm² zunimmt (Bild 54). Um den überwiegenden Einfluß festzustellen, sind mit dem Glanznickelelektrolyten B kleine abgesetzte Wellen bei mittleren Stromdichten von $i_o = 2$ A/dm² und $i_o = 1$ A/dm² vernickelt und mit den bei einer mittleren Stromdichte von $i_o = 6$ A/dm² beschichteten verglichen worden. Die übrigen Verfahrensparameter, außer der Galvanisierzeit, sind konstant gewesen. Diese ist so gewählt worden, daß bei jeder eingestellten Stromdichte die gleiche Elektrizitätsmenge verbraucht wird.

Vergleicht man die bei geringer Stromdichte abgeschiedene Schicht mit der, die bei einer Stromdichte von $i_o = 6$ A/dm² entsteht, werden die Erwartungen bestätigt (Bild 50). Bei niederen Stromdichten wird die Schichtdickenverteilung gleichmäßiger. Nachteilig ist, daß es bei diesen Stromdichten zu verstärktem Wasserstoffeinbau und deshalb zu größeren inneren Spannungen in der Schicht kommen kann.

4.2.4 Einfluß der Werkstück- und der Elektrolytbewegung

Die örtliche Polarisationsänderung auf der Kathode beeinflußt die sekundäre Stromdichteverteilung. Dies kann nicht nur durch Variation der Elektrolytzusammensetzung (Grundansatz, Zusätze) erreicht werden, sondern auch durch örtliches Ändern der Diffusionsschichtdicke (siehe Abschnitt 2.1.2; Seite 35). Das ist durch Beeinflussen des Strömungszustands in Kathodennähe möglich (siehe Abschnitt 2.1.4; Seite 42).

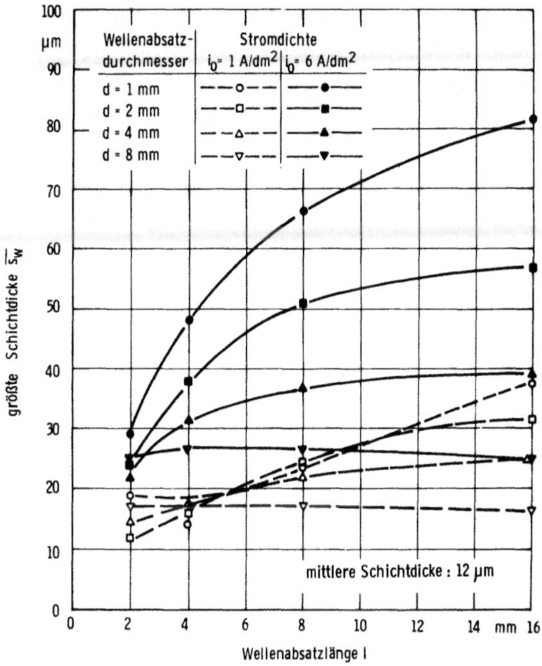

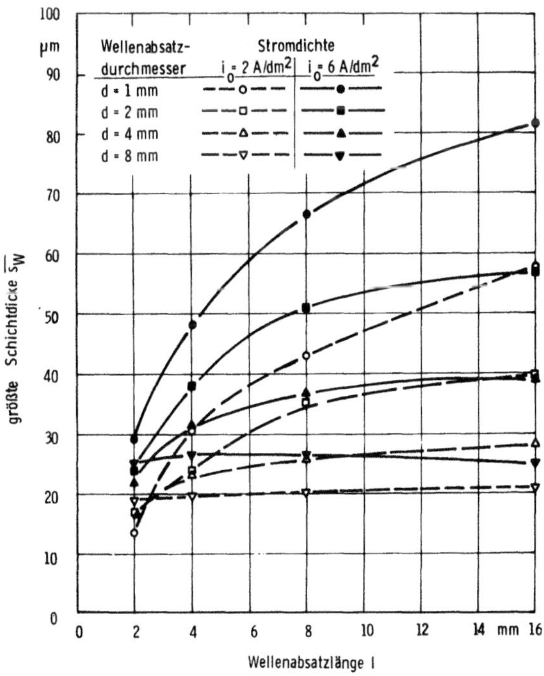

Bild 50:
Einfluß der mittleren Stromdichte auf die größte Schichtdicke

Die Untersuchung, welche Auswirkung eine Diffusionsschichtdickenänderung durch Ändern der Werkstück- oder Elektrolytbewegung auf die größte Schichtdicke auf abgesetzten Wellen hat, wird mit dem Glanznickelelektrolyt B und einem Elektrolyt gleichen Grundansatzes durchgeführt, der nur Netzmittel enthält. Als Versuchsteile sind jeweils fünf abgesetzte Wellen einer einzigen Geometrie (d = 4 mm, l = 8 mm) verwendet worden; auf diese Weise ergeben sich für jede Versuchsreihe zehn Meßwerte.

Werkstückbewegung (Tabelle 4 , Seite 122):

Durch zunehmende Werkstückbewegung wird die größte Schichtdicke an der Wellenabsatzkante nur wenig vermindert. Für den Glanznickelelektrolyt und den nur Netzmittel enthaltenden Elektrolyt erhält man das gleiche Ergebnis.

Elektrolytbewegung (Tabelle 5 , Seite 123):

Durch starke Elektrolytbewegung wird eine deutlichere Verminderung der größten Schichtdicke erreicht als durch die Werkstückbewegung. Die Diffusionsschichtdicke wird durch die Elektrolytbewegung stärker vermindert als durch Werkstückbewegung. Wie aus dem Versuchsergebnis zu ersehen ist, enthält auch das verwendete Netzmittel Bestandteile, die den Charakter von Inhibitoren haben.

Ein Beeinflussen der primären Stromdichteverteilung ist nur bei starker Lufteinblasung denkbar. Bei extrem hohem Luftblasenanteil (Schaumphase) entstehen ebenso wie bei sehr hohem Festkörperanteil (Zugabe nicht leitender Körper wie z.B. Glaskugeln) Beschichtungen mit sehr gleichmäßiger Metallverteilung /57, 58/.

4.3 Einfluß der kathodischen Stromausbeute

Die Schichtdickenverteilung auf dem Werkstück ist nur dann der Stromdichteverteilung proportional, wenn die kathodische Stromausbeute konstant ist. Sowohl bei der Nickel- als auch bei der Zinkabscheidung wird Wasserstoff als Sekundärreaktion abgeschieden.

Stromausbeute zusatzfreier Nickelelektrolyte:

Die Stromausbeute der zusatzfreien Nickelelektrolyte beträgt bei den in der Fertigung üblichen Stromdichten ($4\ A/dm^2 \leq i \leq 6\ A/dm^2$) nahezu 100 %, lediglich bei Elektrolyten mit hohem Chloridionengehalt und äußerst niedrigem Nickelionengehalt ist sie wesentlich geringer (Bild 51, 52 und 53). Die Gestalt der Kurven bleibt bei allen untersuchten Nickelelektrolyten gleich. Die größte Stromausbeute erhält man bei Elektrolyten mit hohem Nickelionen- und mittlerem Chloridionengehalt. Bei niederen Stromdichten ist infolge des Abfalls der Stromausbeute eine Verschlechterung der Schichtdickenverteilung gegenüber der Stromdichteverteilung zu erwarten.

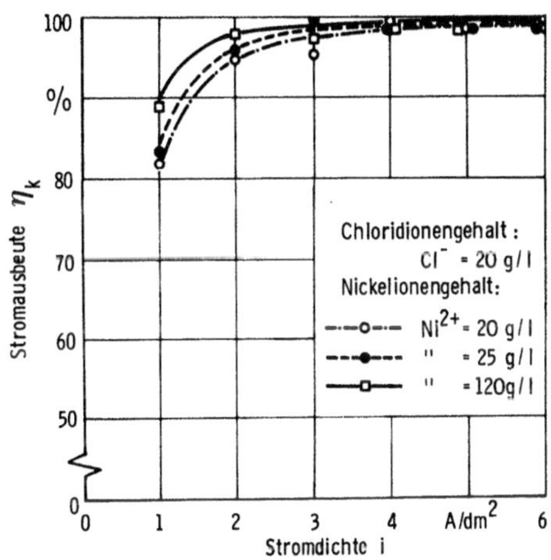

Bild 51: Einfluß des Nickelionengehalts auf die Stromausbeute bei niederem Chloridionengehalt

Stromausbeute der Glanznickelelektrolyte:

Außer bei niederen Stromdichten beträgt die Stromausbeute im untersuchten Stromdichtebereich nahezu η_k = 100 % (Bild 54). Bei niederen Stromdichten wird vermehrt Wasserstoff abgeschieden /56/.

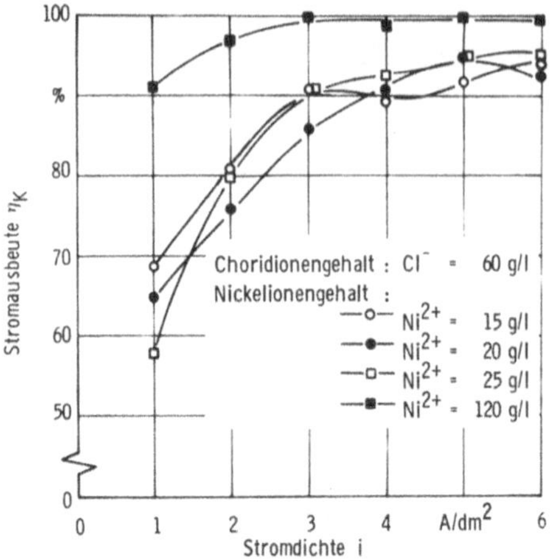

Bild 52: Einfluß des Nickelionengehalts auf die Stromausbeute bei hohem Chloridionengehalt

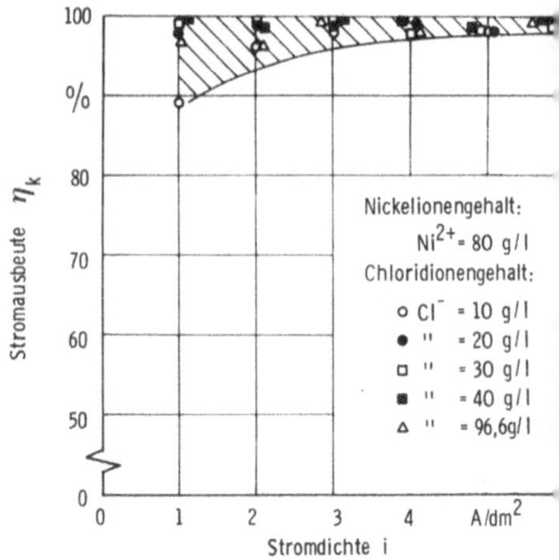

Bild 53: Einfluß des Chloridionengehalts auf die Stromausbeute bei hohem Nickelionengehalt

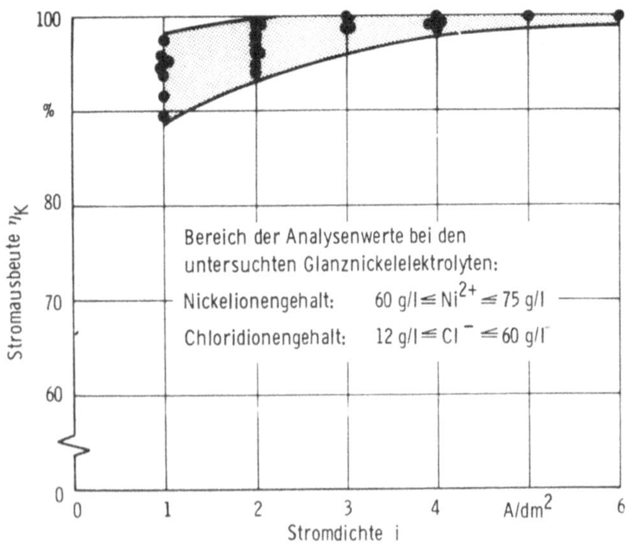

Bild 54: Stromausbeute der Glanznickelelektrolyte

Stromausbeute der Glanzzinkelektrolyte:

Die Stromausbeute der sauren Elektrolyte liegt bei Werten zwischen 87 % und 98 % (Bild 55). Bei niederen Stromdichten ist bei einigen Elektrolyten, ähnlich wie bei den Glanznickelelektrolyten, ein Abfall der Stromausbeute zu erkennen. Bei den alkalischen Elektrolyten a und b nimmt die Stromausbeute mit steigender Stromdichte ab, bei Elektrolyt c bleibt sie nahezu gleich. Durch den Verlauf der Stromausbeutefunktion bei a und b wird die Schichtdickenverteilung gegenüber der sekundären Stromdichteverteilung gleichmäßiger. Beim Einsatz des alkalischen Elektrolyts c und der sauren Glanzzinkelektrolyte entsteht eine der sekundären Stromdichteverteilung proportionale Schichtdickenverteilung.

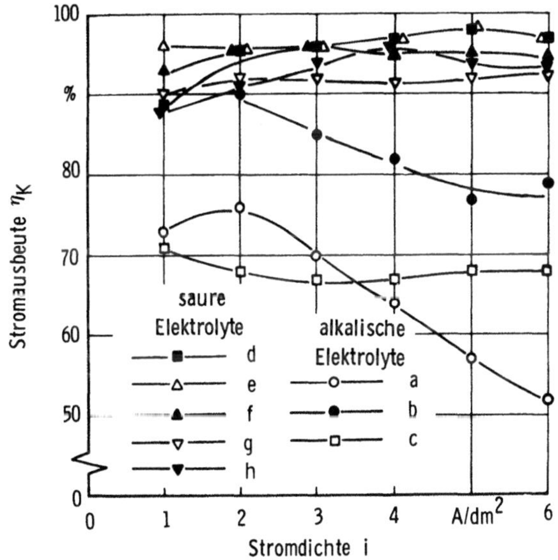

Bild 55: Stromausbeute der Glanzzinkelektrolyte

4.4 Einfluß der Bearbeitung der Werkstückkanten auf die Schichtdickenverteilung

Die Schichtdickenverteilung an Werkstückkanten kann durch konstruktive und fertigungstechnische Maßnahmen geändert werden. Die konstruktiven Maßnahmen umfassen die Wahl anderer Paßflächenmaße (Paßflächendurchmesser und -länge) und das Ändern der Werkstückkanten (Wellenabsatzkante, Bohrungskante).

Im vorangehenden Teil der Untersuchung sind ausschließlich scharfkantige Versuchsteile betrachtet worden. Üblicherweise sind die Werkstücke in der Feinwerktechnik jedoch maschinell entgratet, wobei entweder eine definierte Kantengeometrie (Radius, Fase) oder eine nicht definierte Verrundung entsteht. In beiden Fällen soll das Fügen erleichtert, ein Beschädigen der Paßflächen beim Zusammenbau verhindert und die Verletzungsgefahr beim Montieren vermindert werden.

Bearbeitungsverfahren:

Zum Bearbeiten der Werkstückkanten werden unterschiedliche Methoden und Fertigungsverfahren angewandt. Eine definierte Kantengeometrie erreicht man durch spanende (z.B. Drehen mit Drehmeißel oder Form-Drehmeißel) oder abtragende Fertigungsverfahren (z.B. elektrochemisches Formentgraten).

Geometrisch nicht definierte Kanten erhält man durch viele maschinelle Entgratmethoden, die für große Teilemengen eingesetzt werden. Diese Methoden sind dadurch gekennzeichnet, daß die ganze Werkstückoberfläche bearbeitet wird, wobei der Abtrag aus technologischen Gründen bevorzugt am Grat stattfindet. Fertigungsverfahren, die zur Anwendung kommen, sind z.B. das elektrochemische Abtragen (elektrochemisches Bad-Entgraten, Ätzentgraten), das Gleitschleifen, das Strahlen und das thermisch-chemische Abtragen.

4.4.1 Einfluß der Makro- und Mikrostreufähigkeit

Siehe hierzu die Ausführungen in Abschnitt 2.1.4)

Ob der Einfluß der Makro- oder der Mikrostreufähigkeit an der Werkstückkante überwiegt, wird beim Anwenden des gleichen Elektrolyts und der gleichen Werkstück- bzw. Elektrolytbewegung nur von der Kantengeometrie bestimmt. Bei gleicher Kantengeometrie und gleichen Strömungsverhältnissen ist die Elektrolytzusammensetzung maßgebend.

Die Schichtdickenverteilung an der Werkstückkante hängt davon ab, ob Elektrolyte mit oder ohne organische Zusätze (Einebner, Glanzbildner usw.) verwendet werden (Bild 56). Der Einfluß der unterschiedlichen Mikrostreufähigkeit auf die Schichtdickenverteilung ist deutlich. Der Einfluß auf die größte Schichtdicke s_W ist jedoch gering. Mit zunehmender Mikrostreufähigkeit wird der Abstand zwischen Schichtdickenmaximum und Absatzkante größer und die Schichtdicke unmittelbar an der Kante dünner.

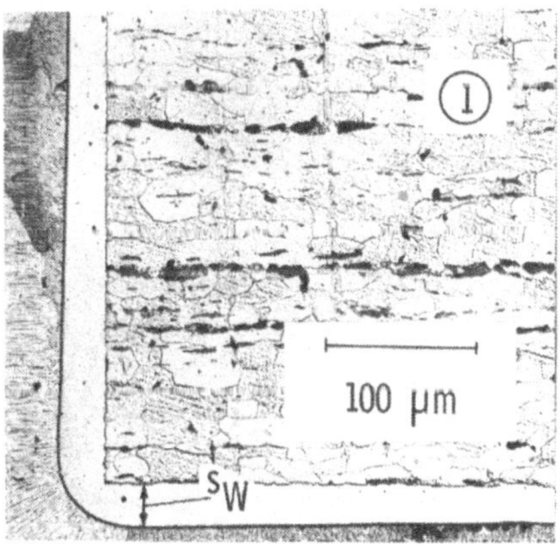

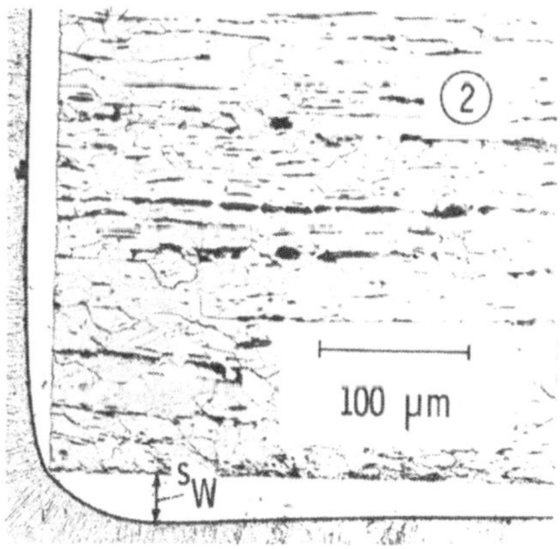

Bild 56: Vernickelte scharfkantige Wellenabsätze
1) Beschichtung aus einem Elektrolyt mit geringer Einebnungswirkung (Elektrolytgrundansatz s. S. 64 mit geringer Netzmittelzugabe)
2) Beschichtung aus einem Glanznickelelektrolyt mit guter Einebnungswirkung (Elektrolyt F)

Bei der scharfen Werkstückkante wird die größte Schichtdicke durch die Makro- und die Mikrostreufähigkeit vermindert. Wird die Werkstückkante verändert, z.B. mit einem kleinen Radius versehen, nimmt die Diffusionsschichtdicke gegenüber der an der scharfen Werkstückkante zu. Der Einfluß der Mikrostreufähigkeit wird verringert. Dadurch müßte die Schichtdicke größer werden. Die primäre Stromdichte wird jedoch durch die Kantenbearbeitung verringert. Beide Einflüsse überlagern sich. Wie sich das auf die größte Schichtdicke auf Wellenabsatzkanten beim Galvanisieren mit einem einebnenden und einem zusatzfreien Nickelelektrolyt auswirkt, ist als Funktion des Kantenradius in einem Versuch ermittelt worden.

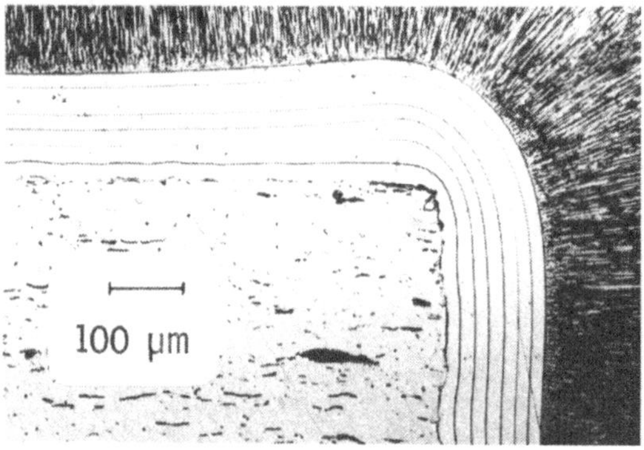

Bild 57: Mehrfach vernickelte Probe zum Bestimmen des Einflusses einer Kantenrundung auf die Schichtdickenverteilung (Glanznickelelektrolyt B)

Für diese Untersuchung sind scharfkantige Wellen mehrfach unter gleichen Galvanisierbedingungen (Elektrolyt B und zusatzfreier Elektrolyt mit gleichem Grundansatz, Galvanisierzeit $t = 10$ min, mittlere Stromdichte $i_o = 6$ A/dm^2) vernickelt worden. Zwischen den einzelnen Nickelschichten ist jeweils mit einer Galvanisierzeit $t = 10$ s und einer mittleren Stromdichte $i_o = 1$ A/dm^2 in einem sauren Kupferelektrolyt eine Zwischenschicht aufgetragen worden, um die Nickelschichten im Querschliff sichtbar zu machen (Bild 57). Die Kupferschichten sind so dünn, daß ein Einfluß auf die Metallverteilung ausgeschlossen werden kann.

Die größte Schichtdicke jeder Nickelschicht ist in Beziehung gesetzt zum Radius der Kantenrundung, die von der vorhergehenden Schicht erzeugt worden ist. Die Radien zwischen r = 0 µm und r = 200 µm sind in zehn Bereiche eingeteilt (in Bild 58 sind jeweils nur vier dieser Radiusbereiche eingetragen). Beim Galvanisieren mit einem zusatzfreien Nickelelektrolyt wird die größte Schichtdicke mit zunehmendem Kantenradius geringer (Bild 58, Teil 1).

Ein anderes Verhalten zeigt sich beim Glanznickelelektrolyt (Elektrolyt B). Die Schichtdicken sind nicht auf dem scharfkantigen Werkstück am größten, sondern auf dem mit sehr kleiner Kantenrundung (Bild 58, Teil 2). Der kritische Radius liegt bei r = 40 µm. Bei kleinerem Radius wird die Schichtdicke an der Werkstückkante durch den Einfluß der Mikrostreufähigkeit vermindert.

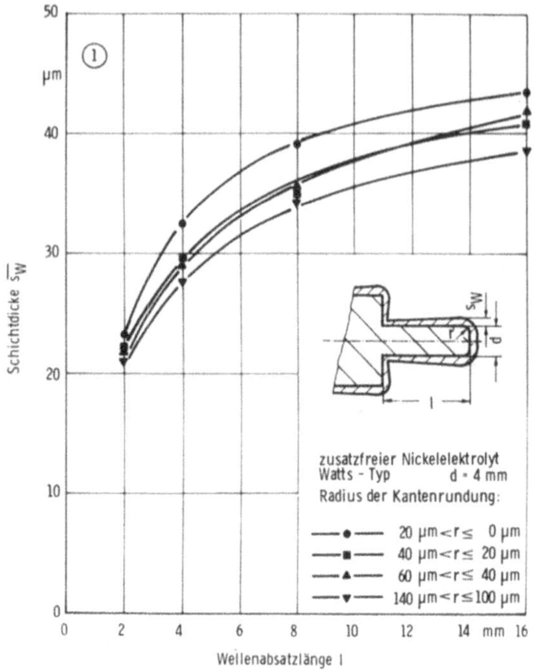

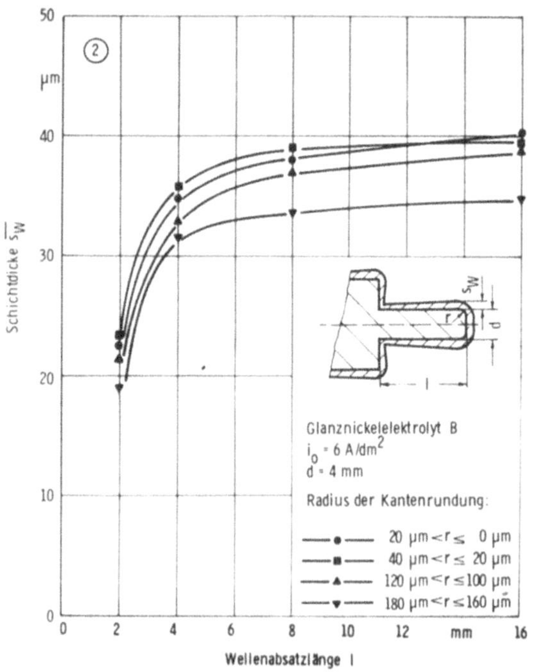

Bild 58:
Einfluß der Kantenrundung auf die größte Schichtdicke auf Wellenabsätzen unterschiedlicher Geometrie

① zusatzfreier Elektrolyt

② Glanznickelelektrolyt B
($\bar{s}_W$ ermittelt aus drei bis fünf Welle

4.4.2 Einfluß geometrisch nicht bestimmter Werkstückkanten auf die größte Schichtdicke

Elektrochemisches Bad-Entgraten:

Die Wellen sind zunächst in einem industriellen Entgratelektrolyt bearbeitet und dabei in gleicher Weise wie beim Galvanisieren auf einen Werkstückträger aufgeschraubt worden. Sowohl beim Abtragen als auch beim Beschichten ist die Lage zu den gleich großen und gleichen weit entfernten Gegenelektroden identisch gewesen.

Die Durchmesserverminderung und damit der Abtrag a_{ec} (Bild 59) ist mit Hilfe des Abbe-Längenmessers bestimmt worden (Messen des Wellendurchmessers vor und nach dem Entgraten). Die Wellen sind anschließend galvanisiert und die Schichtdicke im Querschliff bestimmt worden.

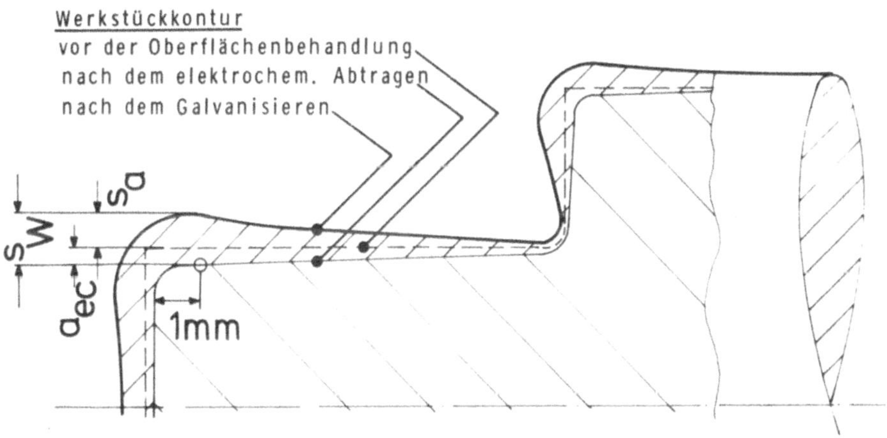

Bild 59: Galvanisieren von elektrochemisch bad-entgrateten Wellen (Prinzipskizze)

Der Abtrag a_{ec} nimmt mit länger und dünner werdenden Wellenabsätzen nicht in dem Maße zu wie die Schichtdicke s_W (Bild 60). Aus diesem Grund ergibt sich bei Wellen mit kurzem, dickem

Wellenabsatz insgesamt eine Durchmesserverminderung, während bei langen, dünnen Wellenabsätzen eine Durchmesserzunahme zu erkennen ist. Insgesamt gesehen ist die Kombination beider Verfahren sehr günstig. Auch bei gleicher primärer Stromdichteverteilung für elektrochemisches Abtragen und Galvanisieren wird die ursprüngliche Teilekontur nicht wieder erreicht. Dazu ist die Streufähigkeit und die Mikrostreufähigkeit der verwendeten Elektrolyte zu unterschiedlich. Die beim Abtragen scharfkantiger Werkstücke entstehende Rundung wird beim Beschichten mit gebräuchlichen Glanznickelelektrolyten immer vergrößert.

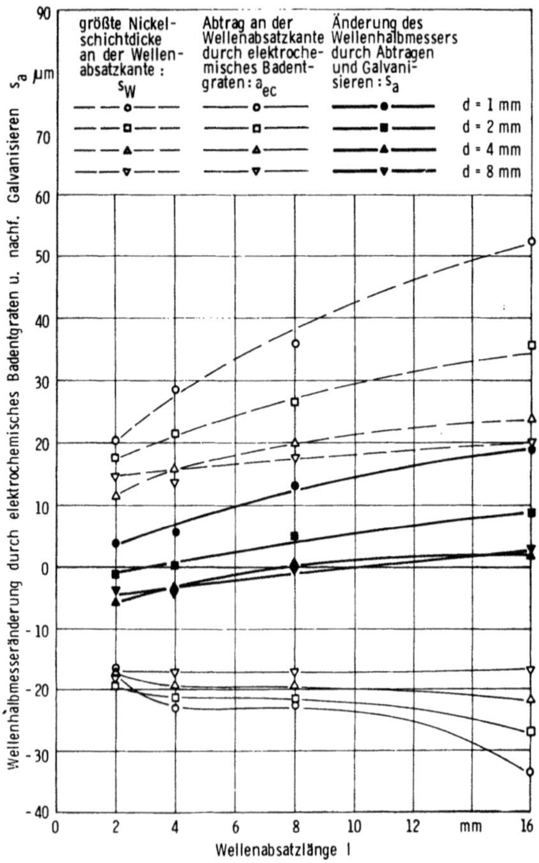

Bild 60: Größte Schichtdicke auf elektrochemisch bad-entgrateten Wellen und Änderung des Wellenhalbmessers durch Entgraten und nachfolgendes Galvanisieren (Glanznickelelektrolyt B)

Vergleicht man die größte Schichtdicke s_W auf diesen Teilen mit der, die beim Vernickeln scharfkantiger Teile gefunden wird (Bild 26), so ist nur eine unwesentliche Verringerung zu erkennen. Das liegt an dem geringen Kantenradius, der durch das elektrochemische Bad-Entgraten erzeugt wird (siehe Abschnitt 4.4.1)

Entgraten durch Gleitschleifen:

Das Entgraten durch Gleitschleifen gibt einen Kantenradius, der im Mittel 50 µm beträgt (Bild 61). Diese geringe Rundung der Werkstückkante ist der Grund dafür, daß die größte Schichtdicke an gleitgeschliffenen Werkstückkanten der an scharfen

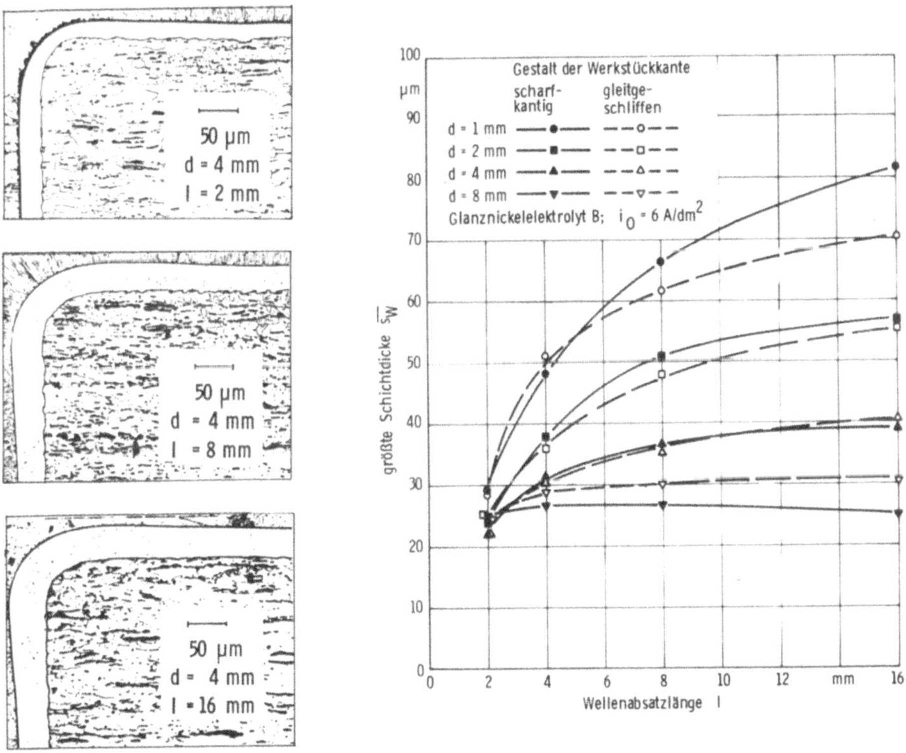

Bild 61: Größte Schichtdicke auf gleitgeschliffenen Wellen und Querschliffe der entstehenden Kantengeometrien

Kanten ähnlich ist. Die zum Teil größeren Schichtdicken sind ebenfalls darauf zurückzuführen, daß sich bei den kleinen Kantenradien der einebnende Einfluß der Mikrostreufähigkeit nicht mehr bemerkbar macht, während die Rundung nicht groß genug ist, um die primäre Stromdichte ausreichend zu verringern.

4.4.3 Einfluß geometrisch bestimmter Werkstückkanten auf die größte Schichtdicke

Kantenrundung:

Eine mit dem Formdrehmeißel hergestellte Kantenrundung (r = 1 mm) wirkt sich im Vergleich zu den scharfkantigen Wellenabsätzen sehr günstig auf die Schichtdicke aus (Bild 62). Die geringere Schichtdicke ist auf die Verminderung der elektrischen Feldstärke an der Kante zurückzuführen.

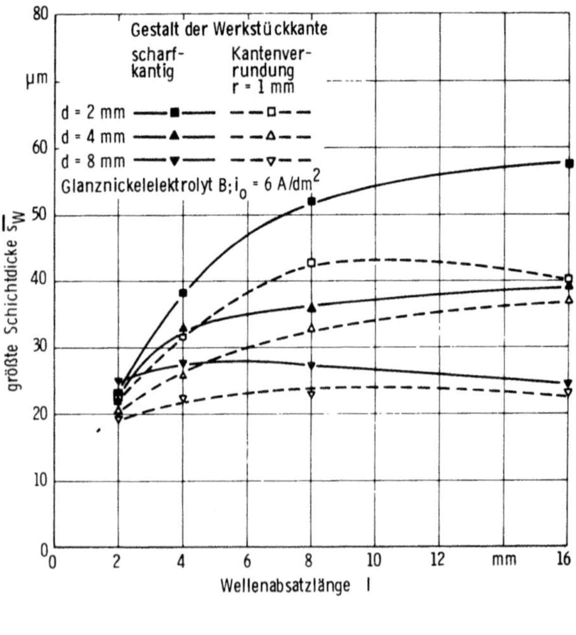

Bild 62: Auswirkung einer Kantenrundung auf die größte Schichtdicke

Anfasen:

Beim Anfasen von Werkstückkanten entstehen zwei neue, stumpfwinklige Kanten. An diesen kann es ähnlich wie bei rechtwinkligen Kanten zu einer Verringerung der Diffusionsschicht kommen, der Einfluß ist jedoch gering.

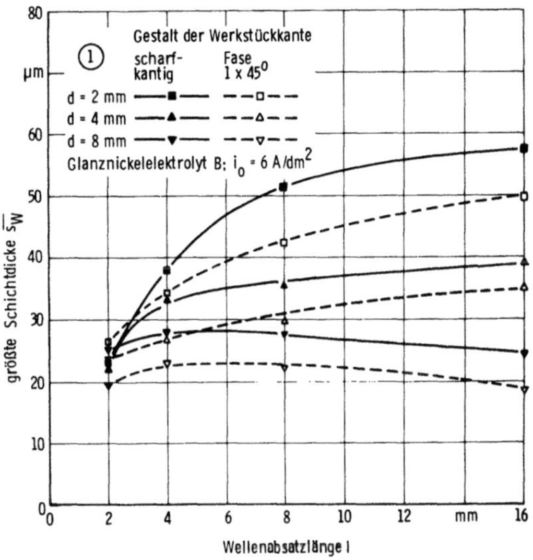

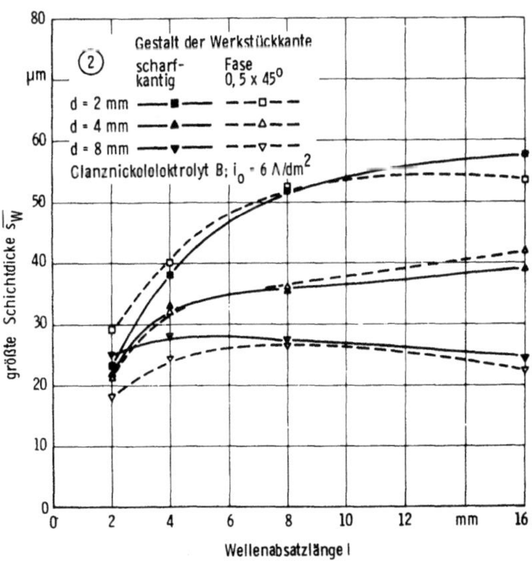

Bild 63:
Einfluß einer Fase auf die größte Schichtdicke

1) Fase 1 x 45°
2) Fase 0,5 x 45°

Bei den Versuchsteilen ist eine Fase 1 x 45° erforderlich, um eine deutliche Verringerung der größten Schichtdicke zu erreichen (Bild 63). Bei Fasen 0,5 x 45° werden aus dem gleichen Grund wie bei den zwei in Abschnitt 4.4.2 beschriebenen Verfahren zur Kantenbearbeitung zum Teil sogar größere Schichtdicken ermittelt.

Ähnliche Verhältnisse liegen bei angefasten Bohrungen vor (Bild 64). Auch hier entsteht die ungünstigste Schichtdickenverteilung bei kleinen Fasen.

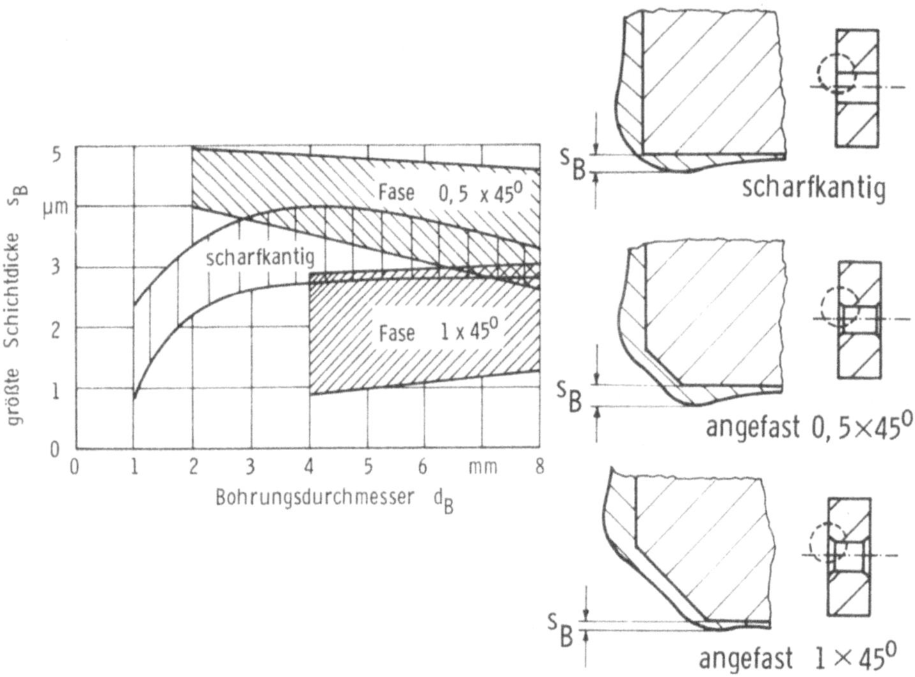

Bild 64: Einfluß einer Fase an der Bohrungskante

4.5 Optimieren der Schichtdickenverteilung - Zusammenfassung und Vergleich der möglichen Maßnahmen

Die Auswirkungen konstruktiver und fertigungstechnischer Maßnahmen sind in den folgenden Tabellen (Tabelle 1 bis 10) beispielhaft für kleine abgesetzte Wellen mit den jeweiligen Vor- bzw. Nachteilen zusammengefaßt.

nflussen der größten Schichtdicke an Wellenabsatzkanten Tabelle 1

erung: Wellenabsatzgeometrie Maßnahme: konstruktiv

Einflußgröße		konstante Versuchsparameter	variable Versuchsparameter
kstück-en-aften	Werkstückgeometrie		1 mm ≤ d ≤ 8 mm 2 mm ≤ l ≤ 16 mm
	Kantengeometrie	scharfkantig	
stell-ßen	Galvanisierstrom	i_O = 6 A/dm²	
	Galvanisierdauer	t = 10 min	
	Elektrolyttemperatur	T = 55 °C	
	Elektrolytbewegung	Q = 0,5 m³/h	
	Werkstückbewegung	-	
ktrolyt-enschaft.	Elektrolytzu-sammensetzung	Glanznickelelek-trolyt B	
agenei-schaften	Behältergeometrie	Elektrolysebehälter M	
	Anodengeometrie	Anode A 100	

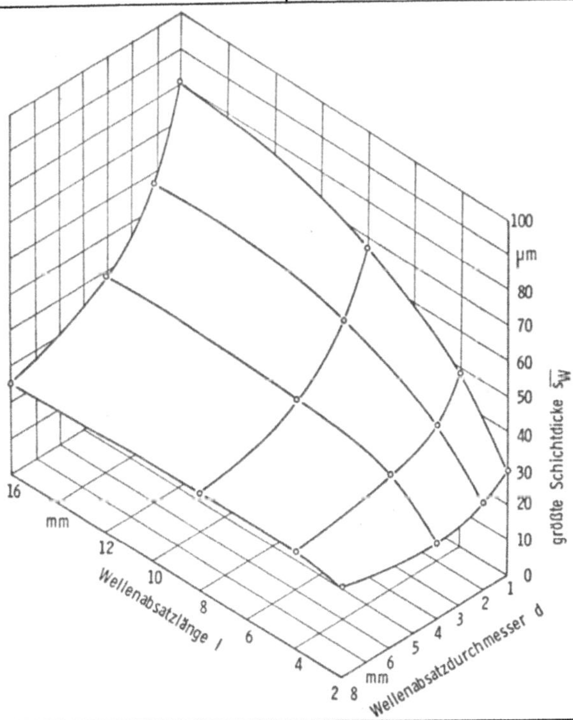

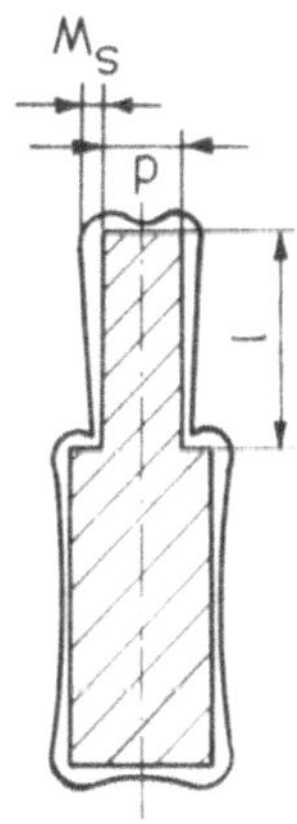

Durch geeignete Wahl der Paßflächenabmessungen bei der Konstruktion kann die größte, auf der Paßfläche entstehende Schichtdicke eingegrenzt werden.

Beeinflussen der größten Schichtdicke an Wellenabsatzkanten Tabelle 2

Änderung: Kantengeometrie Maßnahme: konstruktiv

Einflußgröße		konstante Versuchsparameter	variable Versuchsparameter
Werkstück-eigen-schaften	Werkstückgeometrie	d=4 mm	2 mm ≤ l ≤ 16 mm
	Kantengeometrie		Kantenbearbeitung masch. Entgratverfah
Einstell-größen	Galvanisierstrom	i_o = 6 A/dm²	
	Galvanisierdauer	t = 10 min	
	Elektrolyttemperatur	T = 55 °C	
	Elektrolytbewegung	Q = 0,5 m³/h	
	Werkstückbewegung	-	
Elektrolyt-eigenschaften	Elektrolytzu-sammensetzung	Glanznickelelek-trolyt B	
Anlagenei-genschaften	Behältergeometrie	Elektrolysebehäl-ter M	
	Anodengeometrie	Anode A 100	

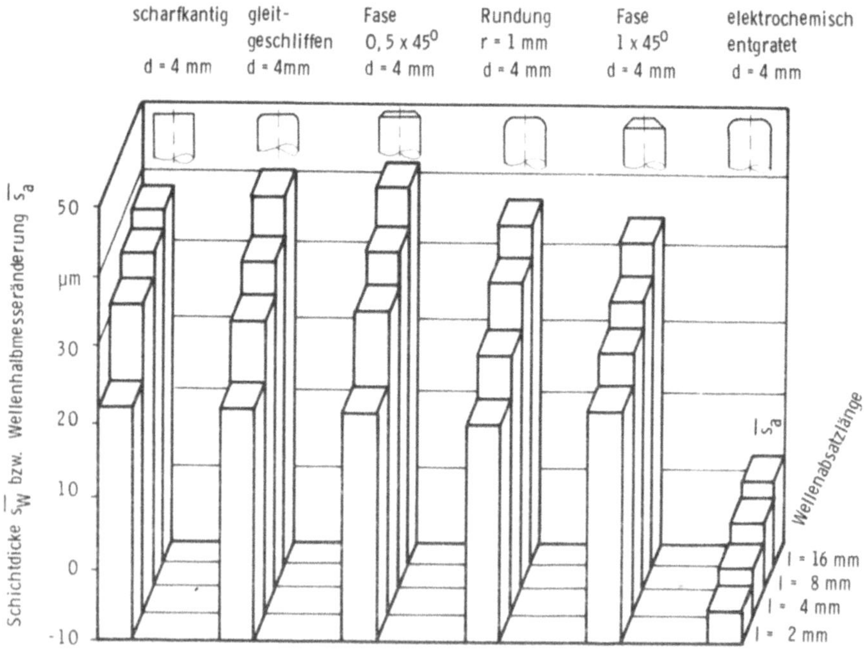

Bewertung

Durch geeignete Wahl der Kantengeometrie oder der Entgratmethode kann die Veränderung des Paßmaßes durch Galvanisieren verringert werden, ohne in den Fertigungsablauf der Galvanikabteilung einzugreifen.

Bei Kantenbearbeitungen durch Verrunden oder Anfasen wird die Länge der Paßfläche verkürzt. Beim Anwenden maschineller Entgratmethoden setzt sich die Streuung der Paßmaßänderung aus der Streuung beim Entgraten und beim Galvanisieren zusammen.

influssen der größten Schichtdicke an Wellenabsatzkanten Tabelle 3

erung: mittlere Stromdichte Maßnahme: fertigungstechnisch

Einflußgrößen		konstante Versuchsparameter	variable Versuchsparameter
kstück-en-aften	Werkstückgeometrie	d=4 mm	2 mm ≤ l ≤ 16 mm
	Kantengeometrie	scharfkantig	
stell-ßen	Galvanisierstrom		1 A/dm² ≤ i_o ≤ 6 A/dm²
	mittl. Schichtdicke	s_o=12,3 µm (η_K=100%)	
	Elektrolyttemperatur	T = 55 °C	
	Elektrolytbewegung	Q = 0,5 m³/h	
	Werkstückbewegung	-	
ktrolyt-enschaften	Elektrolytzusammensetzung	Glanznickelelektrolyt B	
ageneigen-aften	Behältergeometrie Anodengeometrie	Elektrolysebehälter M Anode A 100	

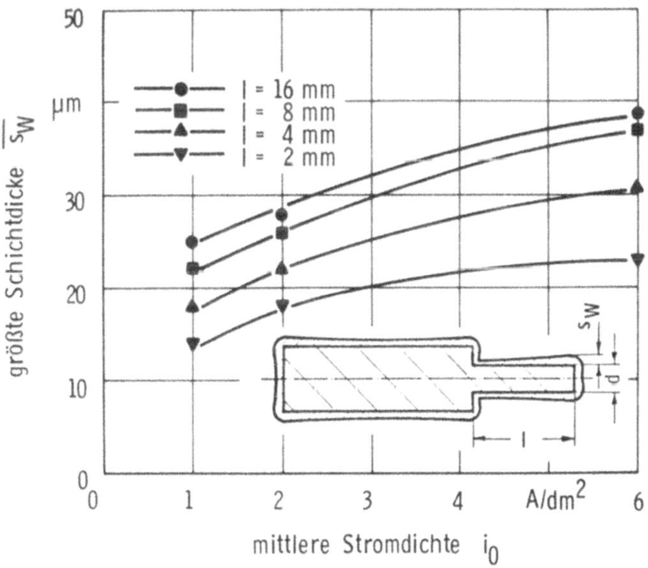

Einfach durchzuführende Maßnahme. Großer Einfluß auf die Schichtdickenverteilung.

Die Stromausbeute wird bei geringer Stromdichte niedriger und die inneren Spannungen in der Schicht nehmen zu. Die zunehmende Galvanisierdauer führt zu hohen Kosten.

Beeinflussen der größten Schichtdicke an Wellenabsatzkanten Tabelle

Änderung: Werkstückbewegung Maßnahme: fertigungstechnisch

Einflußgröße		konstante Versuchsparameter	variable Versuchsparameter
Werkstück-eigenschaften	Werkstückgeometrie	d=4 mm; l=8 mm	
	Kantengeometrie	scharfkantig	
Einstell-größen	Galvanisierstrom	i_o = 6 A/dm²	
	Galvanisierdauer	t = 10 min	
	Elektrolyttemperat.	T = 55 °C	
	Elektrolytbewegung	-	
	Werkstückbewegung		0 m/min $\leq \bar{v}_K \leq$ 7,3m/m[illegible]
Elektrolyt-eigenschaften	Elektrolytzu-sammensetzung	Glanznickelelek-trolyt B	Ni-Elektrolyt mit Netzmittel
Anlageneigen-schaften	Behältergeometrie Anodengeometrie	Elektrolytbe-hälter M Anode A 100	

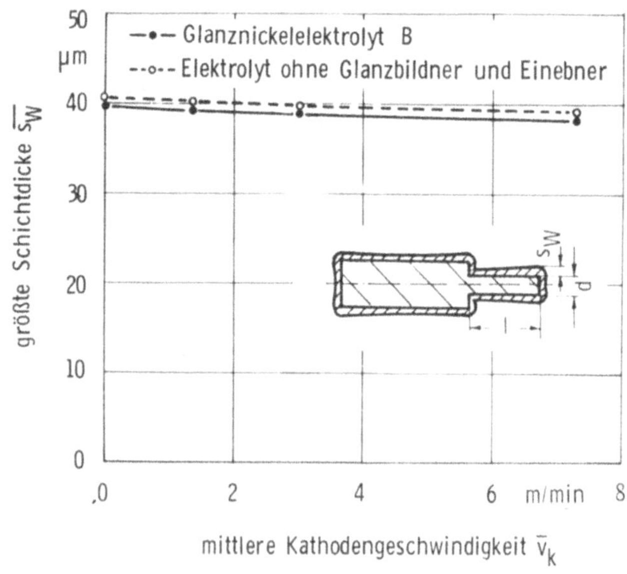

Bewertung	Geringe Wirkung Abfallen der Werkstücke vom Werkstückträger bei starker Werkstückbewegung muß durch zusätzliche Maßnahmen verhindert werden.

influssen der größten Schichtdicke an Wellenabsatzkanten Tabelle 5

erung: Elektrolytbewegung Maßnahme: fertigungstechnisch

Einflußgrößen		konstante Versuchsparameter	variable Versuchsparameter
kstück-	Werkstückgeometrie	d=4 mm; l=8 mm	
enschaften	Kantengeometrie	scharfkantig	
	Galvanisierstrom	i_O = 6 A/dm²	
stell-	Galvanisierdauer	t = 10 min	
ßen	Elektrolyttemperatur	T = 55 °C	
	Elektrolytbewegung		0 m³/h ≤Q≤ 1,2 m³/h
	Werkstückbewegung	-	
ktrolyt- enschaften	Elektrolytzu- sammensetzung	Glanznickelelek- trolyt B	Ni-Elektrolyt mit Netzmittel
ageneigen-	Behältergeometrie	Elektrolysebe- hälter M	
aften	Anodengeometrie	Anode A 100	

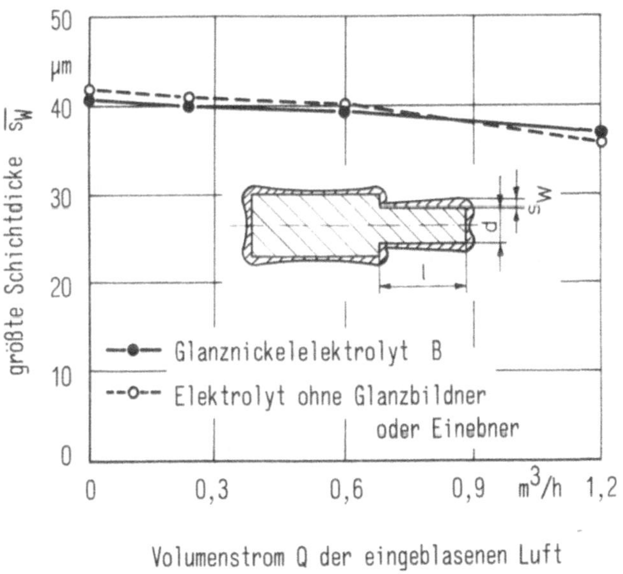

Geringe Wirkung

Elektrolytbewegung durch Druckluft führt zu schnellerer Oxydation der organischen Zusätze und erfordert nicht schäumende Netzmittel.

Beeinflussen der größten Schichtdicke an Wellenabsatzkanten — Tabelle 6

Änderung: Elektrolytzusammensetzung — Maßnahme: fertigungstechnisch

Einflußgrößen		konstante Versuchsparameter	variable Versuchsparameter
Werkstück-eigenschaften	Werkstückgeometrie	d = 4 mm	2 mm ≤ l ≤ 16 mm
	Kantengeometrie	scharfkantig	
Einstell-größen	Galvanisierstrom	i_o = 6 A/dm²	
	Galvanisierdauer	t = 10 min	
	Elektrolyttemperatur	T = 55 °C	
	Elektrolytbewegung	Q = 0,5 m³/h	
	Werkstückbewegung		
Elektrolyt-eigenschaften	Elektrolytzu-sammensetzung	Glanznickelelek-trolyt B	Polarisationsbeiwert 0,6 cm ≤ k ≤ 2,4 cm
Anlagen-eigenschaften	Behältergeometrie	Elektrolysebe-hälter M	
	Anodengeometrie	Anode A 100	

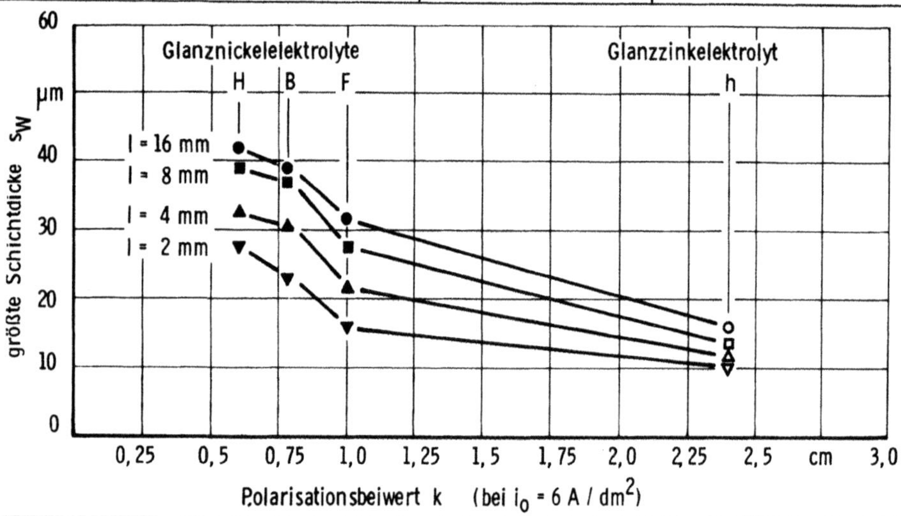

Bewertung	
Bewertung	Durch die Wahl einer geeigneten Elektrolytzusammensetzung oder eines anderen Elektrolyttyps kann die Schichtdickenverteilung in starkem Maß beeinflußt werden. Eine Bewertung der Elektrolyte kann mit der Polarisationsbeiwert-Stromdichte-Funktion vorgenommen werden. Je nach eingesetztem Elektrolytvolumen erfordert das Anwenden eines neuen Elektrolyts hohe Investitionen. Außer der Schichtdickenverteilung werden auch die anderen Schichteigenschaften beeinflußt.

einflussen der größten Schichtdicke an Wellenabsatzkanten Tabelle 7

derung: Stromausbeute (Elektrolytzusammensetzung) Maßnahme: fertigungstechnisch

Einflußgrößen		konstante Versuchsparameter	variable Versuchsparameter
rkstück-genschaften	Werkstückgeometrie	d=4 mm; l=8 mm	
	Kantengeometrie	scharfkantig	
nstell-ößen	Galvanisierstrom		1 A/dm² ≤ i ≤ 6 A/dm²
	Galvanisierdauer	T = 10 min	
	Elektrolyttemperatur	T = 55 °C	
	Elektrolytbewegung	Q = 0,5 m³/h	
	Werkstückbewegung	-	
ektrolyt-genschaften	Elektrolytzusammensetzung		Glanznickel- und Glanzzinkelektrolyte
lagen-genschaften	Behältergeometrie	Elektrolysebehälter M	
	Anodengeometrie	Anode A 100	

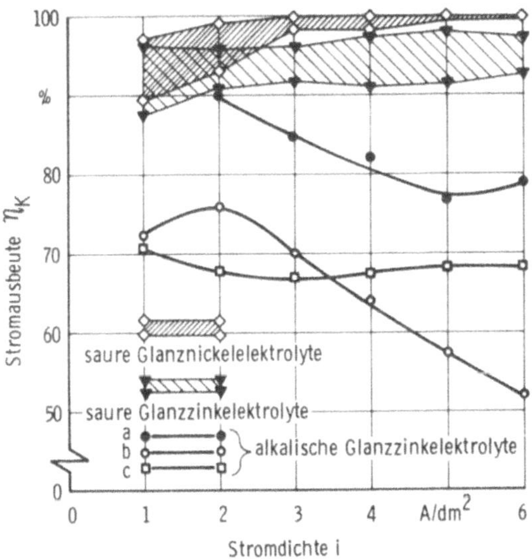

Die beim Einsatz saurer Glanznickel- und Glanzzinkelektrolyte vorliegende Stromausbeute-Stromdichte-Funktion wirkt nicht ausgleichend auf die Schichtdickenverteilung.

Bei Glanznickelelektrolyten tritt im niederen Stromdichtebereich durch die Stromausbeute eine geringe Verschlechterung der Verteilung ein.

Durch alkalische cyanidfreie Elektrolyte ist eine Verbesserung der Schichtdickenverteilung möglich (Elektrolyte a und b).

Beim Einsatz von Elektrolyten mit niederer Stromausbeute kann es zum Eindiffundieren von Wasserstoff in das Grundmetall kommen; die Wasserstoffentwicklung bedeutet außerdem einen Energieverlust.

Beeinflussen der größten Schichtdicke an Wellenabsatzkanten — Tabelle 8

Änderung: Anoden-Kathoden-Abstand — Maßnahme: fertigungstechnisch

Einflußgrößen		konstante Versuchsparameter	variable Versuchsparameter
Werkstück-eigenschaften	Werkstückgeometrie		d=2 mm ; d=4 mm l=2mm; 4mm; 8mm; 16mm
	Kantengeometrie	scharfkantig	
Einstell-größen	Galvanisierstrom	i_o = 6 A/dm²	
	Galvanisierdauer	t = 10 min	
	Elektrolyttemperatur	T = 55 °C	
	Elektrolytbewegung	Q = 0,5 m³/h	
	Werkstückbewegung	-	
Elektrolyt-eigenschaften	Elektrolytzu-sammensetzung	Glanznickelelek-trolyt B	
Anlagen-eigenschaften	Behältergeometrie	Elektrolysebe-hälter G	165 mm $\le l_{AK} \le$ 400 mm
	Anodengeometrie	Anode A 400	

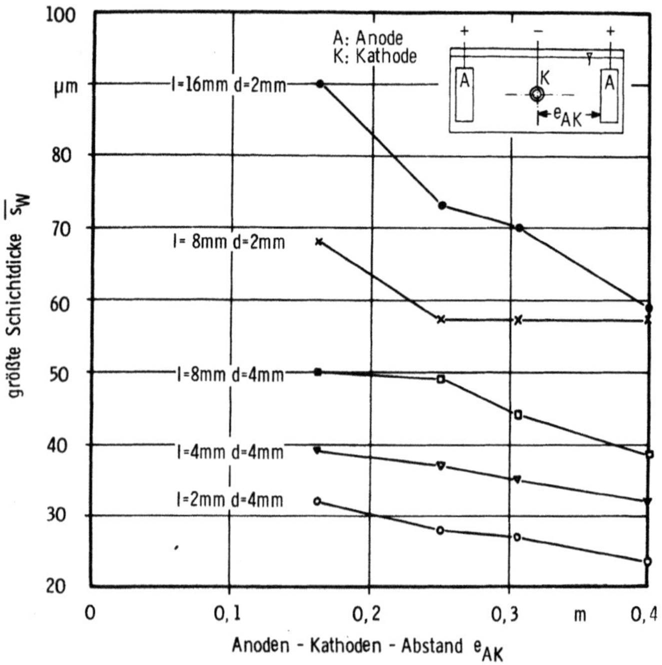

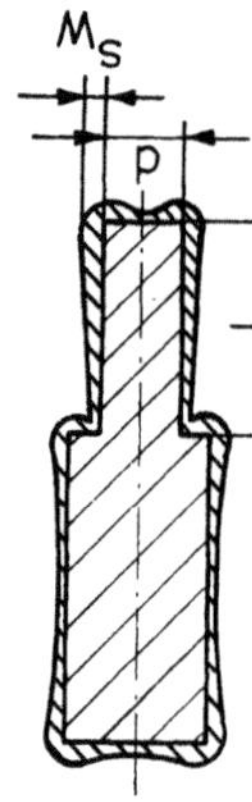

Bewertung	
	Das Vergrößern des Anoden-Kathodenabstands bewirkt bei profilierten Teilen eine gleichmäßigere Schichtdickenverteilung. Die Maßnahme hat nur geringe Auswirkungen auf andere Schichteigenschaften, da die Elektrolytzusammensetzung konstant ist. Zunahme der elektrischen Spannung und der aufzuwendenden Energie mit zunehmendem Anoden-Kathoden-Abstand.

eeinflussen der größten Schichtdicke an Wellenabsatzkanten | Tabelle 9

nderung: Anodengeometrie | Maßnahme: fertigungstechnisch

Einflußgrößen		konstante Versuchsparameter	variable Versuchsparameter
rkstück- genschaften	Werkstückgeometrie	d = 4 mm	2 mm ≤ l ≤ 16 mm
	Kantengeometrie	scharfkantig	
nstell- rößen	Galvanisierstrom	i_o = 6 A/dm²	
	Galvanisierdauer	t = 10 min	
	Elektrolyttemperatur	T = 55 °C	
	Elektrolytbewegung	Q = 0,5 m³/h	
	Werkstückbewegung	-	
ektrolyt- genschaften	Elektrolytzu- sammensetzung	Glanznickelelek- trolyt B	
nlagen- igenschaften	Behältergeometrie	Elektrolysebe- hälter G	
	Anodengeometrie	Anoden A50; A100; A200; A400	0,25 dm² ≤ A_A ≤ 16 dm²

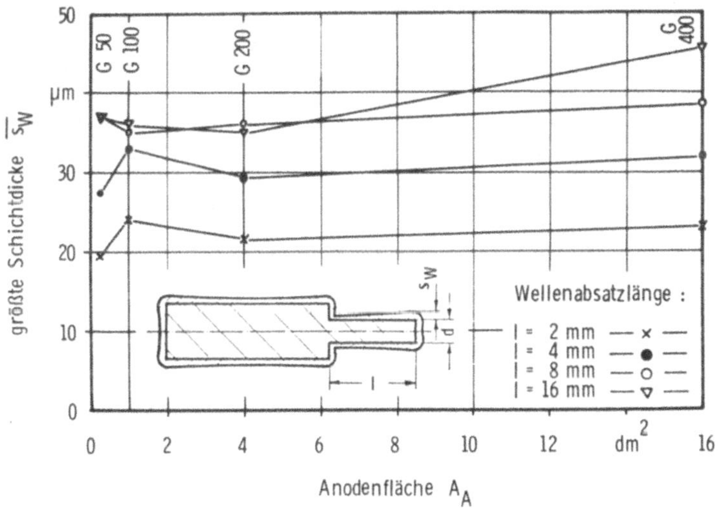

Ein Verringern der Anodenfläche wirkt auf die Schichtdickenverteilung nur dann ausgleichend, wenn die Abmessungen der Anode kleiner als die Werkstückabmessungen werden.

Ein Verringern der Anodenabmessungen bewirkt beim Galvanisieren auf Werkstückträgern eine Verminderung der Schichtdickenstreuung, da die Schichtdickenunterschiede zwischen Teilen aus der Gestellmitte und vom Gestellrand geringer werden.

Das Verringern der Anodenfläche wird durch die größte anwendbare anodische Stromdichte begrenzt.

Beeinflussen der größten Schichtdicke an Wellenabsatzkante Tabelle

Änderung: Elektrolysebehältergröße Maßnahme: fertigungstechnisch

Einflußgrößen		konstante Versuchsparameter	variable Versuchsparameter
Werkstück-eigenschaften	Werkstückgeometrie	d = 4 mm	2 mm ≤ l ≤ 16 mm
	Kantengeometrie	scharfkantig	
Einstell-größen	Galvanisierstrom	i_o = 6 A/dm²	
	Galvanisierdauer	t = 10 min	
	Elektrolyttemperatur	T = 55 °C	
	Elektrolytbewegung	Q = 0,5 m³/h	
	Werkstückbewegung	-	
Elektrolyt-eigenschaften	Elektrolytzu-sammensetzung	Glanznickelelek-trolyt B	
Anlagen-eigenschaften	Behältergeometrie	Behälter K, M, G	0,25 dm³ ≤ V_E ≤ 128dm
	Anodengeometrie	Anode A50, A100, A200	

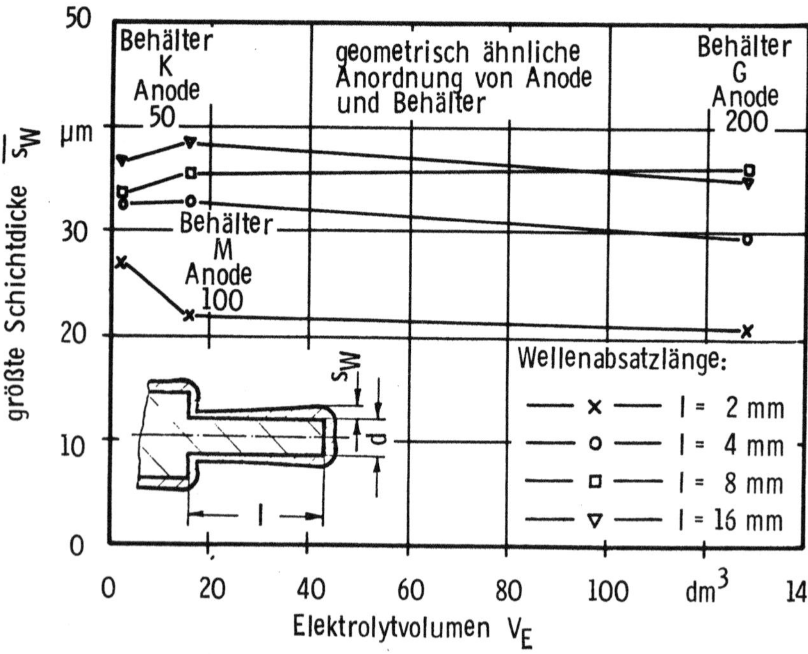

Bewertung	Das Ändern der Behältergröße bei geometrisch ähnlichen Elektrolysebehäldern unter Beibehaltung der Beziehung Anodengröße zu Behältergröße wirkt sich auf die Schichtdickenverteilung nur wenig aus, wenn die Behälterabmessungen groß gegenüber den Werkstückabmessungen sind.

Beim Anwenden der Tabellen ist zu berücksichtigen:

- Bei geringen Stückzahlen ist das Vermindern der eingestellten Stromdichte ein geeignetes Mittel, um die Schichtdickenverteilung gleichmäßiger zu machen.
- Bei großen Stückzahlen ist zum Vermindern der größten Schichtdicke den konstruktiven Maßnahmen der Vorzug zu geben. Ein weiteres Verringern der größten Schichtdicke ist durch ein Zusammenwirken verschiedener fertigungstechnischer Maßnahmen (Ändern der Einstellgrößen und der Anlageneigenschaften) möglich. Bei sehr großen Stückzahlen ist es zweckmäßig, die Elektrolyteigenschaften zu ändern (Wahl eines Elektrolyts mit hoher Streufähigkeit).

Zum Herstellen von Paßteilen mit engen Toleranzen ist bei großen Stückzahlen (Massenfertigung) nicht nur die größte Schichtdicke, sondern auch die Streuung dieser Schichtdicke zu verkleinern.

5 Einfluss von Schichtdickenverteilung und Schichtdickenstreuung auf die Wahl der Vorfertigungstoleranzen

5.1 Abgrenzung der Begriffe Schichtdickenverteilung und Schichtdickenstreuung

Im vorangehenden Teil der Untersuchung sind die Auswirkungen von konstruktiven und fertigungstechnischen Maßnahmen auf die größte Schichtdicke auf der Paßfläche beschrieben worden. Die größte Schichtdicke ist ein Maß für die Schichtdickenverteilung. Die Schichtdickenverteilung beschreibt die an einem einzelnen Werkstück auftretenden Schichtdickenunterschiede.

In der Fertigung sind einzeln zu galvanisierende Werkstücke selten. Meist handelt es sich um große Teileserien (Fertigungslose). Soll die durch Galvanisieren hervorgerufene Maßänderung aller Teile eines Fertigungsloses in den Vorfertigungsmaßen (vor dem Beschichten herzustellende Maße) berücksichtigt werden, ist die Kenntnis des Mittelwertes der größten Schichtdicke (Mittelwert der Stichprobe: $\bar{s}_W$ für Wellen; $\bar{s}_B$ für Bohrungen, Mittelwert der Grundgesamtheit = μ) nicht ausreichend. Es muß auch ihre Häufigkeitsverteilung bekannt sein. Diese kann durch die Standardabweichung beschrieben werden (Standardabweichung der Grundgesamtheit = σ ; Standardabweichung der Stichprobe = s) /95/. Die Häufigkeitsverteilung der an der gleichen Stelle eine Anzahl gleicher Teile gemessenen Schichtdicken kennzeichnet die Schichtdickenstreuung.

Für das Passungsproblem ist also die größte Schichtdicke auf der Paßfläche (Schichtdickenverteilung) und die Streuung dieser Werte (Schichtdickenstreuung) maßgebend.

Zwei sich gegenseitig überlagernde Einflüsse auf die Schichtdickenstreuung sind beim Galvanisieren zu unterscheiden:

- Einfluß durch das Galvanisierverfahren: Werden Werkstücke unter gleichen Bedingungen nacheinander galvanisiert, ergeben sich an den gleichen Meßstellen unterschiedliche

Schichtdickenwerte. Das liegt einerseits an der mangelnden Einstellgenauigkeit (Streuung des Einstellwertes) der Einstellgrößen, andererseits an Veränderungen der Elektrolyteigenschaften (Konzentration, Alterung der organischen Zusätze usw.) und einzelner Anlageneigenschaften (Anodenzustand, Kontaktierung usw.) Auf diese Weise ergibt sich die "Schichtdickenstreuung durch Galvanisieren".

- Einfluß durch die Werkstückhandhabung beim Galvanisieren: Meist wird eine größere Anzahl Werkstücke gleichzeitig galvanisiert. Die Teile werden entweder auf einem Werkstückträger (Gestell) befestigt oder als lose Schüttung in einer Einrichtung zum Massengalvanisieren beschichtet. Durch die Werkstückhandhabung wird die primäre Stromdichteverteilung auf dem einzelnen Werkstück beeinflußt. Nach der Werkstückhandhabung richten sich deshalb die Unterschiede in der Schichtdickenverteilung von gleichzeitig galvanisierten Werkstücken. Neben der "Schichtdickenstreuung durch Galvanisieren" tritt eine "Schichtdickenstreuung durch Verwenden von Werkstückträgern bzw. Massengalvanisiereinrichtungen" auf.

Streuung durch Galvanisieren

Unter den Bedingungen dieser Untersuchung, bei der die Einstellwerte und die Elektrolytzusammensetzung genauer kontrolliert worden sind als in der Fertigungstechnik üblich, ist die Streuung ermittelt worden (Bild 26). Der arithmetische Mittelwert $\bar{s}_W$ der Schichtdickenmeßwerte ist größer als die jeweilige Spannweite der Meßwerte, so daß die Gesamtheit der Meßwerte den Wert Null nicht enthält. Da die Streuung der Schichtdicke außerdem von vielen, voneinander unabhängigen Einflußgrößen verursacht wird, liegt keine einseitige Verteilung vor. Für die Streuung durch Galvanisieren ist daher bei den Versuchsteilen eine Normalverteilung zu erwarten.

In der Fertigung können andere Verhältnisse vorliegen, wie die Untersuchung der Schichtdickenstreuung des zentralen Werkstücks einer großen Zahl von Werkstückträgern (Gestellen) zeigt /29/. Alle dabei verwendeten Gestelle sind unter gleichen Bedingungen in einer manuell bedienten Anlage galvanisiert worden. Die Gesamtheit der Meßwerte weist eine Spannweite auf, die mehr als das Dreifache des Mittelwertes beträgt. Da Schichtdicken kleiner Null nicht auftreten können, ergibt sich eine einseitige (schiefe) Verteilung, die durch eine logarithmische Normalverteilung angenähert werden kann. Beim Einsatz eines Galvanisierautomaten zum Handhaben der Galvanisiergestelle tritt eine viel geringere Standardabweichung auf und die Häufigkeitsverteilung nähert sich der Normalverteilung.

5.2 Galvanisieren von Werkstücken auf einem Werkstückträger

Im Gegensatz zum Galvanisieren in Glocken und Trommeln (Massengalvanisieren) werden in der Feinwerktechnik Kleinteile oft auf einem Werkstückträger galvanisiert. Die Werkstücke nehmen auf dem Gestell einen bestimmten Platz ein und werden definiert zu den Anoden und Behälterwandungen ausgerichtet.

5.2.1 Schichtdickenverteilung

Die Stromdichteverteilung auf den Werkstücken richtet sich nach der Geometrie des Einzelteils und der geometrischen Zuordnung aller Teile auf dem Galvanisiergestell. Die Schichtdickenverteilung auf dem Einzelteil wird durch den Einfluß des Gestellplatzes überlagert. Grundsätzlich ist die mittlere Schichtdicke auf dem Werkstück und damit auch die größte Schichtdicke auf Paßflächenkanten bei Teilen am Gestellrand oder an den Ecken des Gestells größer als in der Gestellmitte.

Dies zeigt auch ein Versuch, bei dem Wellen mit unterschiedlichem Durchmesser (d = 2 mm, d = 8 mm) auf einem Gestell galvanisiert worden sind (Bild 65). Die Schichtdickenverteilung ist auf den dünnen Wellen ungleichmäßiger als auf den dicken. Der Unterschied zwischen der größten Schichtdicke auf dem mittleren und dem äußeren Teil eines Gestells ist bei dünnen Wellen größer. Je ungünstiger die Einzelteilgeometrie in Hinblick auf die Schichtdickenverteilung ist, desto größer wird der Unterschied zwischen der größten Schichtdicke auf einem Teil aus der Gestellmitte und einem vom Gestellrand.

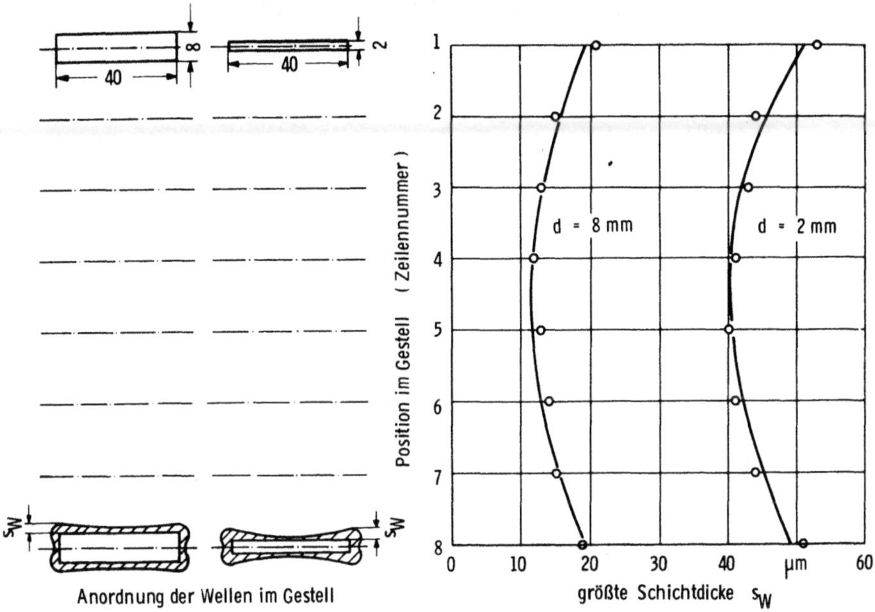

Bild 65: Einfluß des Gestells auf die Schichtdickenverteilung

Der Grund liegt darin, daß Teile am Rand eines Gestells mit größerer mittlerer Stromdichte galvanisiert werden, als Teile in der Gestellmitte. Auf den Randteilen wird daher bei gleicher Galvanisierdauer mehr Metall abgeschieden und eine größere mittlere Schichtdicke erreicht. Da die Beschichtung bei höherer Stromdichte erfolgt, wird die Schichtdickenverteilung ungleichmäßiger (s. Abschnitt 4.2.3). Dadurch wird die größte Schichtdicke an der Paßflächenkante zusätzlich vergrößert.

Sind die Maße des Werkstücks eng toleriert, so kann durch geeignete Lage im Gestell die Schichtdickenverteilung gleichmäßiger gemacht werden. Die tolerierten Werkstückteilbereiche (z.B. die Wellenabsätze) können zur Gestellmitte ausgerichtet werden.

In der Fertigung werden zahlreiche Maßnahmen ergriffen, um den Schichtdickenunterschied zwischen dem Werkstück aus der Gestellmitte und dem von einem Gestell-Eckplatz (die Spannweite der Schichtdicken) zu verringern:

- Freilassen der Gestellecken oder Behängen mit Ausschußteilen;
- Verringern des Anoden-Kathoden-Abstands in der Gestellmitte durch gewölbte Gestelle /86/;
- Aufbinden der Werkstücke mit dickem, blankem Draht;
- Verwenden von Gestellen, die den gesamten Querschnitt des Elektrolysebehälters bedecken;
- Anbringen breiter, nichtleitender Blenden am Gestellrand senkrecht zur Gestellfläche /87/;
- Anbringen leitender Abblendungen (z.B. durch nichtisolierten Gestellrahmen /29/). (In einem orientierenden Versuch ist ermittelt worden, daß beim Verwenden eines isolierten Gestellrahmens die größten Schichtdicken auf den Randteilen um bis zu 60 % größer sind als beim Galvanisieren mit nichtisoliertem Rahmen /88/.

5.2.2 Schichtdickenstreuung durch Verwenden von Werkstückträgern

Das zentrale Teil eines Gestells hat die dünnste Beschichtung. Es ist von zahlreichen Teilen umgeben, deren Schichtdicke nur wenig größer ist. Am Gestellrand und besonders an den Gestellecken werden dagegen wenige Teile mit einer wesentlich größeren Schichtdicke versehen. Die Häufigkeitskurve der größten Schichtdicke steigt daher bei niederen Schichtdicken steil an und läuft auf der Seite der hohen Schichtdicken flach aus (Bild 66).

Die schiefe Häufigkeitsverteilung kann durch eine logarithmische Normalverteilung angenähert werden /29/. Werden die Teile eines Fertigungsloses auf mehreren Gestellen galvanisiert, so wird der Schichtdickenstreuung durch Verwenden eines Werkstückträgers (logarithmische Normalverteilung) die Schichtdickenstreuung durch Galvanisieren überlagert. Letztere läßt sich durch eine Normalverteilung beschreiben, wenn die mittlere Schichtdicke größer als die halbe Spannweite der gemessenen Schichtdickenwerte ist. Die aus der Überlagerung entstehende Häufigkeitsverteilung kann näherungsweise durch eine Normalverteilung dargestellt werden /59/.

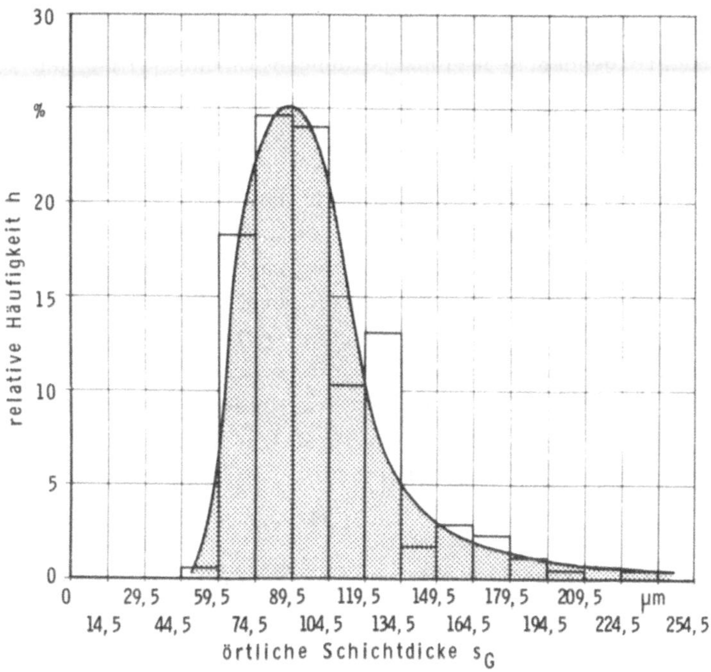

Bild 66: Häufigkeitsverteilung der Schichtdicke beim Galvanisieren auf einem Werkstückträger (Meßwerte aus /29/)

5.3 Galvanisieren einer Werkstückschüttung (Massengalvanisieren)

Unter dem Begriff Massengalvanisieren faßt man die Verfahren zusammen, bei denen eine Teileschüttung galvanisiert wird, ohne daß die Einzelteile in bestimmter Weise zur Anode ausgerichtet werden. Nur ein Teil der Schüttung wird je Zeiteinheit beschichtet, der Rest abgeschirmt. Das Umwälzen der Schüttung erfolgt kontinuierlich oder periodisch (Galvanisieren in Trommeln, Glocken, Schalen, Schaukeln und auf Sieben). Das häufigste Verfahren ist das Trommelgalvanisieren.

5.3.1 Schichtdickenverteilung

Während beim Galvanisieren auf einem Werkstückträger die Schichtbildung als ununterbrochener Vorgang erfolgt, entsteht die Schicht beim Galvanisieren in Trommeln in mehreren aufeinanderfolgenden Metallabscheidungen in unregelmäßigen Zeitabständen. Infolge der Einengung der Stromlinien durch die Perforation der Trommel und durch die gegenseitige Abblendung dicht nebeneinander liegender Werkstücke wird während eines Abscheidungsintervalls nur ein Teil der jeweiligen Werkstückoberfläche beschichtet. Wenn die Werkstücke erneut in den Außenbereich der Schüttung an die Trommelwandung gelangen, kommen sie in eine andere Lage. Die einzelnen Metallabscheidungen auf dem Werkstück überdecken sich zufallsbedingt /60/. Daher ist beim Trommelgalvanisieren rotationssymmetrischer Teile die Schichtdickenverteilung im Querschnitt zur Achse ungleichmäßiger als beim Galvanisieren auf einem Gestell (Schichtdickenmessungen an Teilen aus Fertigungsbetrieben).

Mit mehreren Meßreihen ist untersucht worden, wie die Schichtdickenverteilung an der Werkstückkante und wie die größte Schichtdicke auf dem Wellenabsatz kleiner Wellen durch das Trommelgalvanisieren beeinflußt werden. Die Versuchsteile mit scharfen Kanten und mit Fasen 0,5 x 45 ° sind drei verschiedenen Trommeln (Tr_1, Tr_2 und Tr_3) mit ähnlichen Industrieteilen beigefügt und die auf der Paßfläche entstehende Schichtdicke bestimmt worden.

Die Gesamtmenge des je Werkstück abgeschiedenen Schichtmetalls beträgt bei den massengalvanisierten Versuchsteilen nur etwa ein Viertel der Menge, die auf den Teilen abgeschieden wird, die einzeln auf einem Werkstückträger galvanisiert worden sind. Der Grund liegt darin, daß beim Massengalvanisieren andere Galvanisierzeiten und Stromdichten benutzt werden. Ein Vergleich ist mit Hilfe des relativen Schichtdickenunterschieds auf dem Wellenabsatz möglich (unter Berücksichtigung der in Abschnitt 4.1.2 (Bild 33) dargestellten geringen Abweichungen).

Der relative Schichtdickenunterschied gibt die Differenz zwischen größter (s_W) und kleinster (s_{minW}) Schichtdicke an, bezogen auf die kleinste Schichtdicke. Aus dem Vergleich der Werte beim Einzel- und Massengalvanisieren ist zu ersehen, daß die Schichtdickenverteilung der in den Trommeln Tr_1 und Tr_2 galvanisierten Werkstücke ebenso gleichmäßig ist, wie bei mit niederen Stromdichten einzeln galvanisierten Versuchsteilen (Bild 67). Die Schichtdickenverteilung kann beim Massengalvanisieren jedoch auch ebenso ungleichmäßig sein (Kurve für Tr_3) wie bei Werkstücken, die bei üblichen Stromdichten auf einem Werkstückträger beschichtet worden sind /7/.

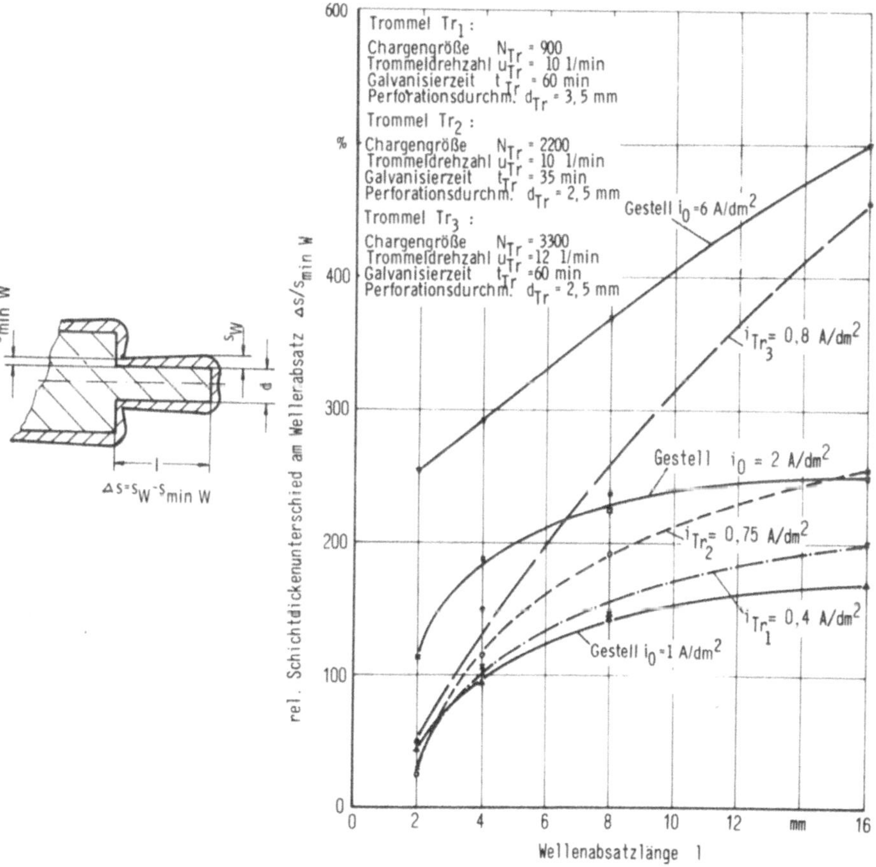

Bild 67: Relativer Schichtdickenunterschied auf dem Wellenabsatz bei einzel- und massengalvanisierten Wellen (verschiedene Glanznickelelektrolyte, d = 4 mm und i_{Tr} bezogen auf gesamte Werkstückoberfläche)

Weder bei angefasten noch bei den scharfkantigen Versuchsteilen ist eine Veränderung (Beschädigung) der Werkstückkanten durch das Trommelgalvanisieren festgestellt worden.

5.3.2 Schichtdickenstreuung durch Verwenden von Massengalvanisiereinrichtungen

Zahlreiche Autoren /61-70/ diskutieren die Gestalt der Häufigkeitsverteilung der örtlichen Schichtdicke und die Einflußgrößen, von denen der Variationskoeffizient und die Standardabweichung der örtlichen Schichtdicke abhängen. Beim Massengalvanisieren ist die Schichtdicke normalverteilt. Neben den Einflußgrößen, die auch die Schichtdickenverteilung auf einzeln galvanisierten Teilen bestimmen, sind Einflußgrößen des Massengalvanisierverfahrens für die Standardabweichung maßgebend. Derartige Einflußgrößen sind die Geometrie der Trommel und ihrer Perforation, die Füllmenge, die Zahl der Umdrehungen je Zeiteinheit und die Art der Kontaktierung der Werkstückschüttung.

Eine umfassende Untersuchung der Auswirkungen dieser Einflußgrößen auf die Häufigkeitsverteilung der größten Schichtdicke bei Wellen oder Bohrungen steht noch aus. Sie ist im Rahmen dieser Untersuchungen nicht möglich gewesen, da ein Erfassen der Einflußgrößen des Massengalvanisierverfahrens mit der vorhandenen Laboranlage nicht durchführbar ist.

Mit einer Reihe von Stichproben aus Fertigungslosen unterschiedlicher Industriebetriebe ist bei verschiedenen Paßteilen (Wellen und Bohrungen), die in verschiedenen Trommeln galvanisiert worden sind, die Häufigkeitsverteilung der größten Schichtdicke auf Paßflächenkanten ermittelt worden . Bei Wellen ist die Übereinstimmung mit der Normalverteilung ausreichend (Bild 68).

Bei Teilen mit Bohrung ergibt sich ein anderes Bild. Die Mittelwerte der größten Schichtdicke in Bohrungen liegen bei den untersuchten Teilen nur zwischen $\bar{s}_{DTr} = 0{,}9$ µm und $\bar{s}_{BTr} = 1{,}1$ µm. Da die Spannweite der Meßwerte größer als der doppelte Mittelwert ist, ergibt sich für Bohrungen eine schiefe Verteilung /7/.

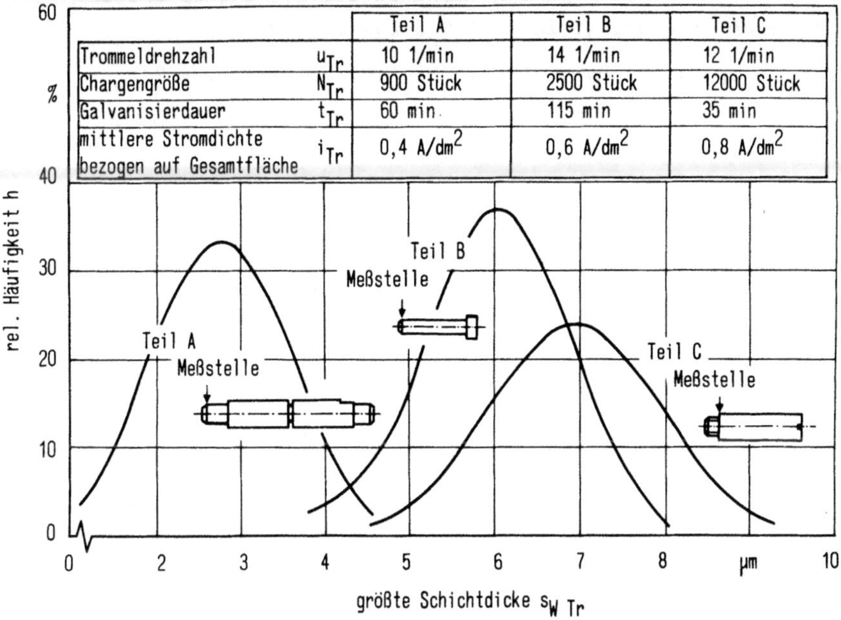

Bild 68: Häufigkeitsverteilung der größten Schichtdicke an Wellenkanten beim Massengalvanisieren (Kurven aus den Meßwerten errechnet)

5.4 Berücksichtigen von Schichtdickenverteilung und Schichtdickenstreuung beim Fertigen von Paßmaßen

In der dem Galvanisieren vorangehenden Fertigung (Vorfertigung) muß die Schichtdickenverteilung am Einzelteil und die Schichtdickenstreuung, bezogen auf das gesamte Fertigungslos, berücksichtigt werden.

Die in der Vorfertigung bei Welle und Bohrung zu erzeugenden Maße hängen von der geforderten Endtoleranz und von den Toleranzen ab, die beim Galvanisieren eingehalten werden können (Bild 69). Der Durchmesser der Bohrung nach dem Beschichten d_B'' mit der Maßtoleranz T_B'' entsteht aus dem Bohrungsdurchmesser vor dem Beschichten d'_B mit der Toleranz T'_B durch Vermindern um die,durch das Beschichten hervorgerufene Paßmaßänderung Δd_B mit der Toleranz $T_{\Delta dB}$. Die Paßmaßänderung und deren Toleranz können aus dem Mittelwert der größten Schichtdicke in der Bohrung $\overline{s}_B$ und der zugehörigen Streuung (Toleranz) T_{sB} bestimmt werden:

$$\Delta d_B = s_{B1} + s_{B2} \text{ bzw. für ein Fertigungslos: } \overline{\Delta d_B} = 2\,\overline{s_B}$$

$$T_{\Delta dB} = +\sqrt{2}\,T_{sB} \qquad (30)$$

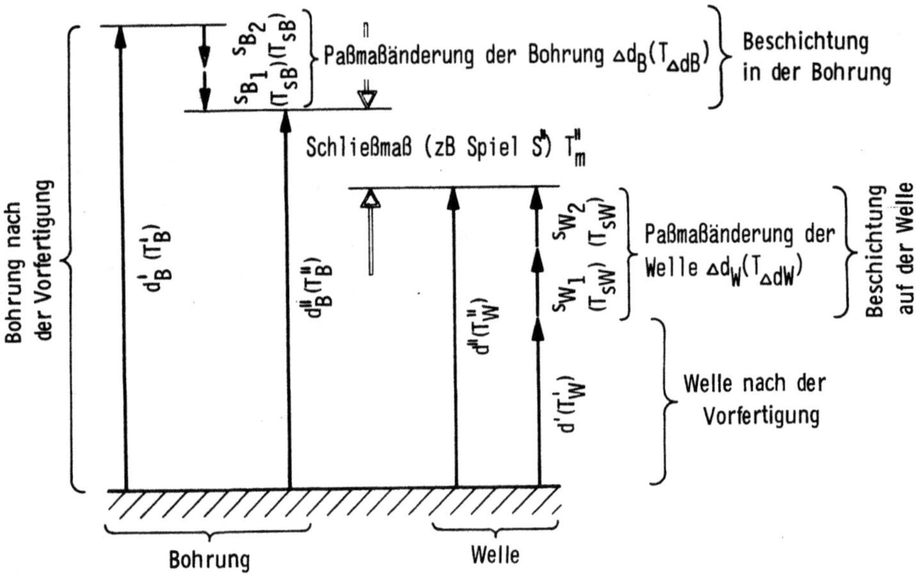

Bild 69: Maßkette der Passung Welle-Bohrung bei Verwendung galvanisierter Paßteile (Toleranzen in Klammern)

Der Durchmesser der Welle wird durch die Paßmaßänderung Δd_W vergrößert. Es gilt:

$$\Delta d_W = s_{W1} + s_{W2} \text{ bzw. für ein Fertigungslos:}$$

$$\overline{\Delta d_W} = 2\,\overline{s_W} \quad \text{und} \quad T_{\Delta dW} = +\sqrt{2}\,T_{sW} \qquad (31)$$

Die Toleranz des Schließmaßes, das sich beim Zusammenfügen von Welle und Bohrung ergibt, kann auf zwei verschiedene Methoden vorherbestimmt werden /71/:

- Methode der statistischen Tolerierung
- Lineare Addition der Toleranzen.

Statistische Tolerierung:

Wendet man die Methode der statistischen Tolerierung nach DIN 7186 an, ergibt sich die kleinstmögliche Paßtoleranz T_m'' (quadratische Schließtoleranz) als positive Quadratwurzel aus der Summe der Quadrate der Einzeltoleranzen:

$$T_m'' = +\sqrt{T_B'^2 + T_W'^2 + T_{\Delta dB}^2 + T_{\Delta dW}^2} \qquad (32)$$

Die Mittelwerte der Paßmaßänderungen können entweder beim Festlegen des Mittenmaßes jedes einzelnen Paßteiles herangezogen werden oder bei einem Paßteil (vorzugsweise der Welle) zusammen berücksichtigt werden.

Der Vorteil der statistischen Tolerierung liegt darin, daß zum Erreichen der geforderten Paßtoleranz größere Einzeltoleranzen als bei der klassischen Methode der Tolerierung (DIN 7182) zugelassen werden /72, 73/ (Vergleiche Gleichung 32 und 33). Nachteilig ist,

- daß es nicht genügt, die Fertigung von Welle und Bohrung durch Lehren zu überwachen, sondern daß die Häufigkeitsverteilung der entstehenden Maße gemessen werden muß (schwierig durchzuführen bei kleinen Bohrungen).
- daß die Einzelwerte (Durchmesser, Schichtdicken) normalverteilt sein sollen, bzw. daß bei Vorliegen anderer Verteilungen (z.B. logarithmische Normalverteilung) eine Transformation notwendig ist.
- daß die Mittelwerte der Normalverteilungen in der Mitte der Toleranzfelder liegen sollen und sich ein bestimmter Anteil von Istmaßen jeweils in einem engen Mittenbereich befinden muß.

Das Einhalten dieser Forderungen hat einen großen fertigungstechnischen Aufwand zur Folge, der nur in solchen Betrieben zu vertreten ist, in denen bereits mit der Methode der statistischen Tolerierung gearbeitet wird. Die Normung der genauen Vorgehensweise steht noch aus.

<u>Lineare Addition der Toleranzen:</u>

Nach DIN 7182 ergibt sich die Passungstoleranz aus der Summe der Einzeltoleranzen der Glieder der Maßkette (Bild 69):

$$T''_m = T'_B + T'_W + T_{\Delta dB} + T_{\Delta dW} \tag{33}$$

Der Vorteil dieser Methode liegt darin, daß das Einhalten der Einzeltoleranzen von Welle und Bohrung vor dem Beschichten mit Lehren geprüft werden kann. Die Häufigkeitsverteilung der größten Schichtdicke ist durch Schichtdickenmessungen bei einer oder mehreren Stichproben zu bestimmen. Dadurch läßt sich Mittelwert und Standardabweichung der Paßmaßänderung angeben.

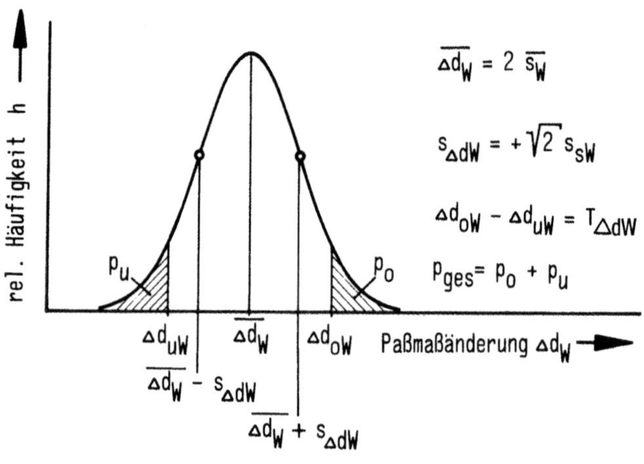

Bild 70 : Häufigkeitsverteilung der Paßmaßänderung von Wellenabsätzen (Prinzipbild)

Bild 70 zeigt die sich für die Paßmaßänderungen von Wellenabsätzen ergebende Häufigkeitsverteilung, wenn man die Grundgesamtheit als normal verteilt betrachtet. Die Darstellung für Bohrungen ist analog. Die Standardabweichung der Paßmaßänderung $s_{\Delta dW}$ kann aus der Standardabweichung der größten Schichtdicke s_{sW} errechnet werden.

Zum Darstellen der Häufigkeitsverteilung der Paßmaßänderung trommelgalvanisierter Wellen (Normalverteilung) ist die Abszisse linear zu teilen. Die Häufigkeitsverteilung der Paßmaßänderung der am Gestell galvanisierten Wellen (logarithmische Normalverteilung) läßt sich in eine Normalverteilung transformieren; dazu ist der Abszissenmaßstab zu logarithmieren.

Der größte zulässige Wert der Paßmaßänderung des Wellenabsatzes Δd_{oW} bestimmt den Ausschußanteil p_o infolge zu großer Paßmaßänderung. Der Ausschußanteil p_u infolge zu geringer Schichtdicke ist bestimmt durch den kleinsten zulässigen Wert der Schichtdicke an der Wellenabsatzkante (Korrosionsschutz).

Sind die Werte $\overline{\Delta d}_W$ und $s_{\Delta dW}$ einer ausreichend umfangreichen Stichprobe bekannt, kann man zu einem vorgegebenen Ausschußanteil p_o oder p_u die Grenzen Δd_{oW}, bzw. Δd_{uW} bestimmen. Da die Funktion der Normalverteilung nicht geschlossen integrierbar ist, wird der innerhalb bestimmter Grenzen liegende Flächenanteil unter der Verteilungskurve entweder mit Hilfe von Tabellen /59, 95/ oder mit Hilfe des Wahrscheinlichkeitsnetzes (Wahrscheinlichkeitspapier) bestimmt.

Berücksichtigen der Maßänderung durch das Galvanisieren in der Fertigung:

Die größten zulässigen Paßmaßänderungen der Welle und der Bohrung können bei linearer Addition der Toleranzen auf unterschiedliche Weise in der Vorfertigung berücksichtigt werden:

- Ändern des Wellen- oder des Bohrungs- oder des Wellen- und des Bohrungsdurchmessers
- Fertigen genormter oder nicht genormter Paßmaße in der Vorfertigung.

Die möglichen Vorgehensweisen sind im Anhang beschrieben (siehe Abschnitt 7.4). Sie haben unterschiedlichen Aufwand in der Fertigung zur Folge und bewirken unterschiedliches Spiel oder Übermaß nach dem Fügen der galvanisierten Teile.

6 Zusammenfassung und Ausblick

Die Passung, die sich beim Fügen galvanisierter Paßteile ergibt, wird bestimmt durch Größe und Streuung der größten auf den Paßflächen entstehenden Schichtdicken.

Die Einflußgrößen, von denen die Schichtdickenverteilung beim Galvanisieren abhängt, sind ermittelt worden. Es wird gezeigt, wie sich Makro- und Mikrostreufähigkeit der Elektrolyte beim Entstehen der Schichtdickenverteilung an der Werkstückkante überlagern.

In einer experimentellen Untersuchung an kleinen abgesetzten Wellen und gebohrten Flachteilen ist quantitativ erfaßt worden, wie durch Ändern der Einflußgrößen beim Galvanisieren die größte Schichtdicke an den Paßflächenkanten verringert werden kann. Eine gleichmäßigere Schichtdickenverteilung ist erreichbar durch

- konstruktive Maßnahmen, wie
  - Wahl günstiger Paßflächenabmessungen.
  - Durchführen geeigneter Kantenbearbeitungen.
- fertigungstechnische Maßnahmen, wie
  - Wahl geeigneter Einstellgrößen (niedere Stromdichte, starke Elektrolyt- und Werkstückbewegung).
  - Anwenden eines Elektrolyts mit hoher Streufähigkeit (günstige Funktion des Polarisationsbeiwerts und der Stromausbeute).
  - Optimieren der Anlageneigenschaften (großer Anoden-Kathoden-Abstand, geeignete Anoden- und Behältergeometrie).

In einer qualitativen Untersuchung (Literaturauswertung und orientierende Experimente) wird gezeigt, wie die Werkstückhandhabung (Galvanisieren der Werkstücke auf einem Werkstückträger oder Galvanisieren einer Werkstückschüttung) die Schichtdickenverteilung auf dem einzelnen Teil beeinflußt und die Streuung der größten Schichtdicken auf allen Teilen eines Fertigungsloses bestimmt. Die Begriffe Schichtdickenstreuung und Schichtdickenverteilung werden gegeneinander abgegrenzt.

Dargestellt wird ferner, wie die Methode der Tolerierung (statistische Tolerierung oder lineare Addition der Einzeltoleranzen) die zulässigen Toleranzen der Beschichtung und der unbeschichteten Werkstücke beeinflußt.

Um die Kenntnisse über die Beeinflussung der Maß- und Formgenauigkeit von Werkstücken durch das Galvanisieren weiter zu vergrößern, ist es notwendig

- den Einfluß von Menge und Zusammensetzung organischer Elektrolytzusätze getrennt von den Einflüssen der primären Stromverteilung, des Grundansatzes und der Stromausbeute zu erfassen.

- mit Hilfe systematischer Untersuchungen den Einfluß der Werkstückhandhabung quantitativ zu erfassen, um die Schichtdickenstreuung zu minimieren.

- durch Verbessern des Rechenverfahrens ein genaueres Vorausberechnen der Schichtdickenverteilung zu ermöglichen.

Der Einsatz des Galvanisierens als Beschichtungsverfahren in der modernen Fertigungstechnik verlangt, daß auch die Abhängigkeiten anderer Schichteigenschaften (z.B. Korrosionsbeständigkeit, Glanz, Härte) von den Einflußgrößen beim Galvanisieren transparenter gemacht werden.

7 Anhang

7.1 Ansätze für Randbedingungen und vereinfachende Annahmen im Hinblick auf das Weiterführen eines Rechenprogramms zum näherungsweisen Berechnen der Schichtdickenverteilung an Wellenabsatz- und Bohrungskanten

Analytische Berechnungen der Potentialverteilung im Elektrolysebehälter und der Stromdichteverteilung auf der Kathode sind nur für geometrisch einfache Elektrodenanordnungen durchgeführt worden (parallele Plattenelektroden; konzentrische zylindrische Elektroden u.a.). Weiler berichtet darüber zusammenfassend /19/.

Die Berechnung wird vereinfacht, wenn man auf Grund geeigneter Elektrodenformen das dreidimensionale Problem auf ein zweidimensionales reduzieren kann (Berechnung der Potentialverteilung in einer Ebene). Die Laplacesche Differentialgleichung kann dann in x-y-Koordinaten ausgedrückt werden. Sie ist auch in dieser Form nur für spezielle Fälle (einfachste Elektrodenanordnung) geschlossen lösbar. Um die Gleichung näherungsweise numerisch lösen zu können, muß man von der Differentialgleichung zur Differenzengleichung übergehen. Die gesuchte Funktion für das Potential $\mathcal{E}$ läßt sich nach dem Taylorschen Satz, ausgehend von einem Punkt mit bekanntem Potentialwert entwickeln. Durch die Wahl eines geeigneten Koordinatensystems kann die Taylor-Entwicklung vereinfacht werden. Wird das kontinuierliche Feld durch ein quadratisches Gitternetz ersetzt, kann das Potential an einem bestimmten Gitterpunkt als das arithmetische Mittel der vier nächstliegenden Gitterpunkte näherungsweise bestimmt werden /96/.

Das der momentanen primären Stromverteilung entsprechende Potentialfeld wird dann durch Eingeben folgender Daten berechnet:

- Geometrie der Elektroden und der Elektrolysezelle
- Spannungsabfall bei der eingestellten mittleren Stromdichte (experimentell ermittelt)

Die Behälterwandungen (isolierend) werden als Stromlinien, die Umgrenzungen der Elektroden als Potentiallinien betrachtet.

Die mittlere primäre Stromdichte auf quadratischen Flächenelementen der Kathode mit dem Gitterabstand als Seitenlänge, d.h. näherungsweise die primäre Stromdichteverteilung, kann aus dem Potentialunterschied und dem Abstand zwischen den Gitterpunkten auf der Kathode und den Feldpunkten berechnet werden, die in senkrechter Richtung zur Kathodenoberfläche den jeweiligen Kathodenpunkten benachbart sind. Erforderliche Eingabegröße:

- Leitfähigkeit des Elektrolyts (experimentell zu ermitteln; siehe Abschnitt 4.2.1)

Die der primären Stromverteilung entsprechende mittlere Schichtdicke je Flächenelement ist dann mit Hilfe der Faradayschen Gesetze unter Berücksichtigung der Stromausbeute berechenbar. Eingabedaten:

- Kennwerte des Schichtmetalls (Äquivalentgewichte und Dichte)
- Wertigkeit des Metallions im Elektrolyt
- Stromausbeute-Stromdichte Funktion (experimentell ermittelt; siehe Abschnitt 4.3)

Ein der sekundären Stromverteilung in erster Näherung entsprechendes Potentialfeld und damit die sekundäre Strom- und Schichtdickenverteilung kann unter Berücksichtigung der

- örtlichen Polarisation der Elektroden (experimentell zu ermitteln; siehe Abschnitt 4.2.1)

berechnet werden. Die Elektroden-Umgrenzungen werden dazu nicht mehr als Äquipotentiallinien betrachtet, sondern das Elektrodenpotential wird örtlich um den stromdichteabhängigen Betrag der Polarisation verändert /19/. Der Potentialsprung, der der Polarisation entspricht, findet außer bei diffusionkontrollierten Metallabscheidungen überwiegend in der Doppelschicht an den Elektroden statt, d.h. in unmittelbarer Kathodennähe (Gitterabstand $\gg$ Doppelschichtdicke). Die Korrektur dieser Randwerte findet bei jeder Iteration erneut statt.

Die punktweise Berechnung der Potentialverteilung in einem Iterationsverfahren kann mit einer Digitalrechenanlage erfolgen. Zum Berechnen der Schichtdicke von großflächigen Erodierelektroden, die durch Galvanoformen hergestellt werden, ist ein Rechenprogramm entwickelt worden, das die Vorausbestimmung der örtlichen Schichtdicke mit der für diesen Anwendungsfall ausreichenden Genauigkeit gestattet /19/:

Versuchserodierelektroden sind in zusatzfreien schwefelsauren Kupferelektrolyten hergestellt worden. Das stellt für die Berechnung eine günstige Bedingung dar (keine Konzentrationspolarisation). Die Abweichung der berechneten Schichtdicken von den an den Versuchsmodellen gemessenen liegt im allgemeinen unter 10 %, an ungünstigen Stellen übertreffen die berechneten Werte die gemessenen jedoch um bis zu 50 %. Das liegt an den getroffenen Annahmen:

- Die Laplacesche Differentialgleichung gilt für homogene Elektrolyte. Bei der praktischen Elektrolyse ergeben sich im Elektrolyten jedoch zum Teil große Leitfähigkeitsunterschiede. Diese entstehen durch Konzentrationsunterschiede in den Diffusionsschichten, die sich durch natürliche oder erzwungene Konvektion über die Höhe der Elektroden in ihrer Dicke und Zusammensetzung ändern können / 94 /, durch Konzentrationsveränderungen im übrigen Elektrolytraum durch natürliche Konvektion /31/ und durch Temperaturschichtungen.

- Die Reduktion der räumlichen Potentialverteilung auf eine zweidimensionale.

- Das Übertragen der Rechenergebnisse auf den dreidimensionalen Fall ist nur richtig, wenn sich das gewählte Profil von Elektroden und Behälter in der dritten Dimension unendlich ausdehnt. In jedem praktischen Fall sind deshalb zusätzliche Korrekturen erforderlich

- Wahl der Gitterkonstante K_G = 2 mm. Dadurch kommt es im Rand- und Kantenbereich zu großen Ungenauigkeiten

- Interpolation des Potentialwertes an Rändern und Kanten als arithmetischer Mittelwert aus den beiden benachbareten Gitterpunkten auf der Kathode

- Annahme einer linearen Stromdichte-Potential-Funktion im betrachteten Stromdichtebereich. Ermittlung der Potentialwerte im ruhenden Elektrolyten

- Annahme, daß die Stromdichte-Potential-Funktion der Anodenpolarisation der der Kathodenpolarisation entspricht

- Annahme einer stationären Potentialverteilung über die gesamte Beschichtungszeit

- Wahl der Stromausbeute η_K = 100 %

Eine Anwendung des Rechenprogrammes mit den getroffenen Annahmen gestattet keine Berechnung der größten Schichtdicke an Wellenabsatz- und Bohrungskanten kleiner Wellen und Bohrungen. Dazu ist das Rechenprogramm durch die Aufnahme zusätzlicher Einflußgrößen zu erweitern. Ein so geändertes Rechenprogramm gestattet jedoch nur dann eine ausreichend gut angenäherte Schichtdickenberechnung, wenn es die Elektrodenform erlaubt, das dreidimensionale Potentialfeld auf ein zweidimensionales zu reduzieren.

Beim Übergang auf ein räumliches Gitternetz vervielfacht sich die Zahl der zu berechnenden Gitterpunkte und es entstehen rechentechnische Schwierigkeiten (Rechengeschwindigkeit, Umfang des Kernspeichers).

Das Programm ist in folgender Weise zu verändern:

- In Kathodennähe ist das Gitter so zu verfeinern, daß das Schichtdickenmaximum mit Sicherheit erfaßbar ist. In unmittelbarer Kathodennähe muß dazu eine Schrittweite von k_G = 10 µm erreicht werden. Zur Zeit durchgeführte Untersuchungen lassen erwarten, daß in einem dreieckigen Netz eine derartige Verfeinerung erreichbar sein wird /74, 75/.

- In kurzen Zeitschritten (t ≈ 1 min) ist die Schichtdicke zu berechnen und damit die Elektrodenkontur für das Rechenprogramm zu korrigieren.

- Die experimentell ermittelte Stromdichte-Potential-Kurve ist punktweise oder als Näherungsfunktion in das Programm einzugeben. Das gleiche gilt für die experimentell ermittelte Stromdichte-Stromausbeute-Kurve (siehe Abschnitt 4.3).

- Die Stromdichte-Anodenpotential-Kurve kann der Literatur entnommen werden /76, 77/.

- Der Einfluß der Mikrostreufähigkeit muß bei Glanzelektrolyten berücksichtigt werden. Dies ist nur mit einer ausreichenden Zahl experimenteller Ergebnisse erreichbar, da ein rechnerisches Erfassen der Diffusionsschichtdicke an Werkstückkanten und der Transportvorgänge der Inhibitoren noch nicht möglich ist /78, 32/.

Das Einbeziehen experimenteller Ergebnisse ist auf unterschiedliche Weise möglich:

- Die in dieser Untersuchung erzielten Ergebnisse (Werte der größten Schichtdicke an Paßflächenkanten) werden als Vergleich herangezogen. Die Interpolation des Potentialwertes an Werkstückkanten ist in der Weise vorzunehmen (Interpolationsfunktion), daß die berechneten Schichtdicken den gemessenen an der Kante ähnlich werden (grobe Näherung).

- Die Ergebnisse eines zur Zeit durchgeführten Forschungsvorhabens können zur Korrektur der Rechnung im Kantenbereich verwendet werden. In dem genannten Vorhaben wird der Einfluß der Konvektionsart auf die Beschichtung im Kantenbereich und die Strömungsabhängigkeit der Polarisation in zusatzstoffhaltigen Elektrolyten (Messen der Polarisation an der rotierenden Scheibenelektrode) ermittelt /2/.

Da der Einfluß der Mikrostreufähigkeit von der Kantengeometrie abhängig ist, muß dieser Einfluß mit zunehmender Zeit ebenfalls schrittweise geändert werden (Änderung der Kantengeometrie mit zunehmender Schichtdicke).

Auch ein den vorgenannten Forderungen genügendes Rechenprogramm wird es nicht gestatten, die Wirkungen aller Einflußgrößen des Galvanisierens exakt zu erfassen. Aus experimentellen Untersuchungen der Einflußgrößen (z.B. aus der vorliegenden Arbeit) können aber Werte entnommen werden, um den Einfluß der ausschlaggebenden Parameter bei der Schichtdickenberechnung zu erkennen, Ansätze für Näherungslösungen zu ermöglichen und das Rechenergebnis zu überprüfen.

7.2 Meßtechnisches Erfassen der größten Schichtdicke auf Wellen- und Bohrungskanten

Die Änderung des Durchmessers von Wellen und Bohrungen durch das Galvanisieren kann entweder indirekt durch das Messen des Istmaßes vor und nach dem Beschichten oder direkt durch Messen der die Änderung hervorrufenden Metallschichtdicken bestimmt werden. Im ersten Fall ist die Messung zerstörungsfrei; sie muß jedoch zweimal vorgenommen werden. Im zweiten Fall können zerstörungsfreie und zerstörende Verfahren zur Schichtdickenmessung eingesetzt werden.

Da das Meßverfahren großen Einfluß auf die erreichbare Meßgenauigkeit und den für die Untersuchung notwendigen Zeitaufwand hat, sind mehrere Verfahren überprüft worden:

- Zum Messen der Durchmessermaße vor und nach dem Beschichten kommen Komparatoren mit mechanischer und optischer Antastung zum Einsatz, die ein Auflösungsvermögen von mindestens 2 µm haben (Abbe-Längenmesser, Komparator mit optischer Antastung und Werkzeugmeßmikroskop).
- Zerstörungsfreie, elektromagnetische Schichtdickenmessung.
- Zerstörende Schichtdickenmessung im Querschliff mit dem Metallmikroskop.

Für die Schichtdickenmessung in dieser Untersuchung sind nur Verfahren brauchbar, die bei der notwendigen Auflösung und Genauigkeit das Ermitteln der Schichtdicke an einem Punkt oder das Bestimmen der mittleren Schichtdicke auf einer kleinen Fläche gestatten.

7.2.1 Messen des Wellendurchmessers

Abbe-Längenmesser:

Die erreichbare Meßgenauigkeit bei dem verwendeten Gerät horizontaler Bauart ist $\pm$ 1 µm. Der Prüfling wird mit zwei Meßhütchen angetastet, die einstellbar auf den Pinolen des Meßgerätes befestigt sind (Bild 71). Die Meßkraft beträgt $F \approx 1$ N.

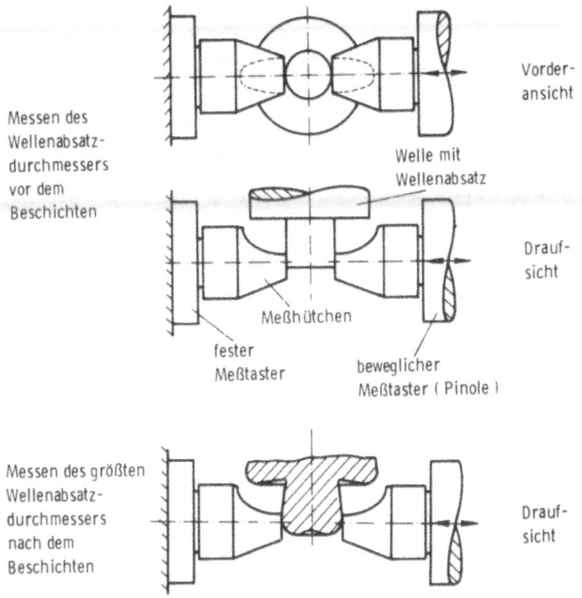

Bild 71: Messen des Absatz-Durchmessers mit dem Abbe-Längenmesser

Zum Bewerten dieser Meßmethode sind drei Versuchsteile zunächst mit dem Abbe-Längenmesser und anschließend im Querschliff ausgemessen worden. Die folgenden Daten für die größten Schichtdicken sind Mittelwerte aus mehreren Messungen.

Proben Nr.	Abbe-Längenmesser	Querschliff
1	s_W = 14 µm	s_W = 11 µm
2	s_W = 17 µm	s_W = 20 µm
3	s_W = 15 µm	s_W = 12 µm

Da die mit dem Abbe-Längenmesser gemessene Schichtdicke große Unterschiede zu der im Querschliff gemessenen aufweist und sich bei mehrfachem Antasten eine große Meßwertstreuung ergab, ist dieses Verfahren in der vorliegenden Untersuchung nur beim Ermitteln der Durchmesserabnahme durch elektrochemisches Abtragen angewandt worden.

Folgende Fehlerursachen sind möglich:

- Die zylindrischen Wellenabsätze der unbeschichteten Werkstücke ergeben mit den Meßflächen der Meßhütchen idealisiert eine Linienberührung. Bei den galvanisierten Werkstücken liegt dagegen Punktberührung vor. Die Verformung durch die Meßkraft ist deshalb vor und nach dem Beschichten unterschiedlich /79/, so daß die beiden Meßwerte nicht verknüpft werden dürfen.
- Vor dem Galvanisieren haben die Werkstücke eine andere Rauheit und Härte als nachher /80/.

Messung mit dem digitalen Werkzeugmeßmikroskop:

Die Versuchsteile (Wellen mit Absatz) sind auf dem Meßtisch des Mikroskops befestigt worden. Zum Messen des Absatzdurchmessers werden die Mantellinien des Wellenabsatzes von zwei Seiten durch Verfahren des Meßtisches optisch angetastet. Der Verfahrweg wird digital in Schritten von 2 µm angezeigt.

Eine versuchsweise Messung von beschichteten Proben hat bei sechs Messungen am gleichen Teil eine Streuung von 10 µm ergeben. Es besteht die Gefahr von systematischen Fehlern durch die unterschiedliche Rauheit und Reflexion der beschichteten und unbeschichteten Teile. Wegen der großen Meßwertstreuung ist dieses Verfahren nicht weiter benutzt worden.

7.2.2 Schichtdickenmessung

Elektromagnetische Schichtdickenmessung:

Zu Beginn der Untersuchung ist überprüft worden, ob die elektromagnetische Schichtdickenmessung geeignet ist, die Metallverteilung auf dem Wellenabsatz zerstörungsfrei zu ermitteln. Das Meßverfahren ist anwendbar, wenn die Permeabilität bei Substrat und Schicht unterschiedlich groß ist.

Das Meßgerät verfügt über einen 2-poligen Meßtaster (Joch), der schrittweise auf dem Wellenabsatz verschoben wird (Bild 72).

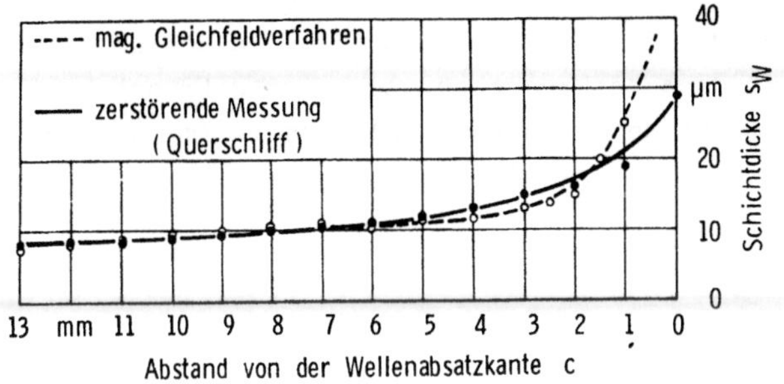

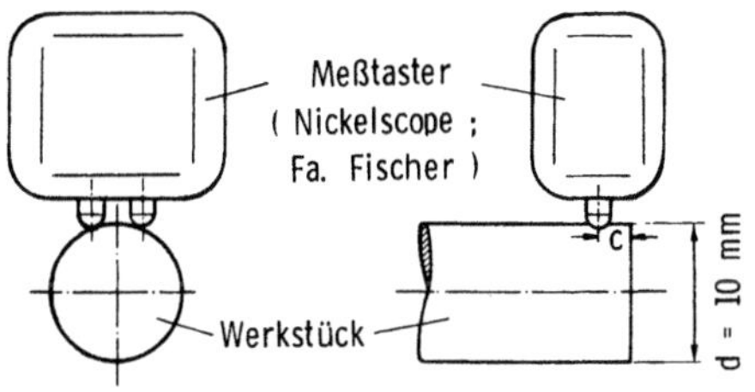

Bild 72: Schichtdickenmessung nach dem magnetischen Gleichfeldverfahren auf einem Wellenabsatz

Eine speziell hergestellte Vorrichtung aus nicht magnetisierbaren Werkstoffen gestattet es, den Meßtaster senkrecht und mit konstantem Auflagedruck auf dem Wellenabsatz aufzusetzen. Der Meßversuch an vernickelten Wellen ergibt bei einer Entfernung c ≤ 4 mm des Meßpunktes von der Werkstückkante einen so großen systematischen Meßfehler, daß eine Extrapolation auf die Schichtdicke an der Werkstückkante unmöglich ist.

Schichtdickenmessung am Querschliff:

Da alle weniger aufwendigen Meßverfahren nicht brauchbar sind, ist die Schichtdickenmessung mit dem metallographischen Querschliff durchgeführt worden. Mit Hilfe einer Spannvorrichtung, die ein Zerteilen der Proben mit einer Siliciumcarbid-Trennscheibe im Abstand von e = 0,1 mm bis e = 0,2 mm parallel zur Symmetrieachse der Wellen und Bohrungen erlaubt, konnte ein erheblicher Zeitgewinn erreicht werden.

Zur Schliffherstellung werden die Versuchsteile nach dem Vernickeln oder Verzinken dickverkupfert. Die Wellen werden zunächst parallel und dann senkrecht zur Achse so getrennt, daß die Schichtdicke auf dem gesamten Wellenabsatz im Querschliff bestimmt werden kann (Bild 73).

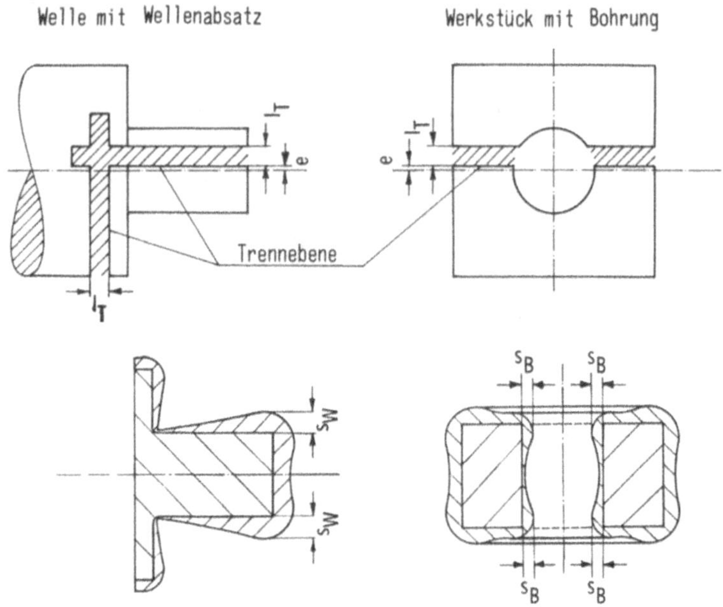

Trennscheibendicke l_T
Abstand zwischen Trennebene und Symmetrieachse $0{,}1\,mm \leq e \leq 0{,}2\,mm$

Bild 73: Lage der Trennebenen zum Vorbereiten des metallographischen Querschliffs

Die gebohrten Teile werden ebenfalls parallel zur Achse getrennt. Beim Schleifen der abgetrennten Teile wird mit einem Handmeßmikroskop der Absatz- bzw. der Bohrungsdurchmesser kontrolliert. Bei genügender Annäherung an das Durchmessersollmaß (Sollmaß abzüglich 0,05 mm) erfolgt der Übergang auf Schleifscheiben feinerer Körnung. Poliert wird nur kurz, um die Kantenverrundung so klein wie möglich zu halten. Das Anätzen erfolgt in einer Lösung von 1 % NaOH in Alkohol.

Zur Schichtdickenmessung wird das Bild des Querschliffs in 1 000-facher Vergrößerung auf die Mattscheibe eines Metallmikroskops projiziert und ausgemessen. Die Vergrößerung ist mit Hilfe eines Strichmaßstabes überprüft worden.

7.2.3 Fehler beim Messen der Schichtdicke mit Hilfe des Querschliffs

Durch das Ausmessen des Bildes auf der Mattscheibe ergeben sich größere Meßfehler als bei der Okularmessung (DIN 50 950). Die gewählte Arbeitsweise ist wegen der großen Probenzahl jedoch vorzuziehen.

Nach DIN 50 950 ergibt sich bei der Okularmessung unter Wiederholbedingungen und bei drei Einzelmessungen mit einer statistischen Sicherheit von 68,3 % ein relativer Fehler von ± 0,5 % für bis zu 40 µm dicke Schichten. Bei Schichtdicken bis 80 µm ist der relative Fehler ± 0,2 %. Der absolute Fehler liegt also in beiden Fällen unter ± 0,5 µm.

In der vorliegenden Untersuchung sind die Meßwerte als ganzzahlige Werte in µm angegeben. Die beim Ausmessen des projizierten Bildes geschätzte Dezimale ist gerundet. Unter der Voraussetzung, daß der Querschliff durch die Achse von Wellenabsatz bzw. Bohrung verläuft, überschreitet deshalb der Fehler infolge Messens mit dem Metallmikroskop einen Wert von ± 1,0 µm für Schichten bis 80 µm mit ausreichender Sicherheit nicht.

Ein zusätzlicher Fehler entsteht dadurch, daß der Schliff nicht exakt in die Symmetrieachse der Versuchsteile gelegt werden kann. Er ist immer um einen Betrag e gegenüber der Mittelachse verschoben. Ist s_W die tatsächliche größte Schichtdicke auf dem Wellenabsatz und s'_W die gemessene, gilt für den im Schaubild (Bild 74) dargestellten relativen Fehler:

$$f_{s_W} = \frac{\sqrt{(\frac{d}{2} + s_W)^2 - e^2} - \sqrt{(\frac{d}{2})^2 - e^2} - s_W}{s_W} \cdot 100 \text{ in } \% \qquad (34)$$

Bei der Bohrung gilt analog:

$$f_{s_B} = \frac{\sqrt{(\frac{d_B}{2})^2 - e^2} - \sqrt{(\frac{d_B}{2} - s_B)^2 - e^2} - s_B}{s_B} \cdot 100 \text{ in } \% \qquad (35)$$

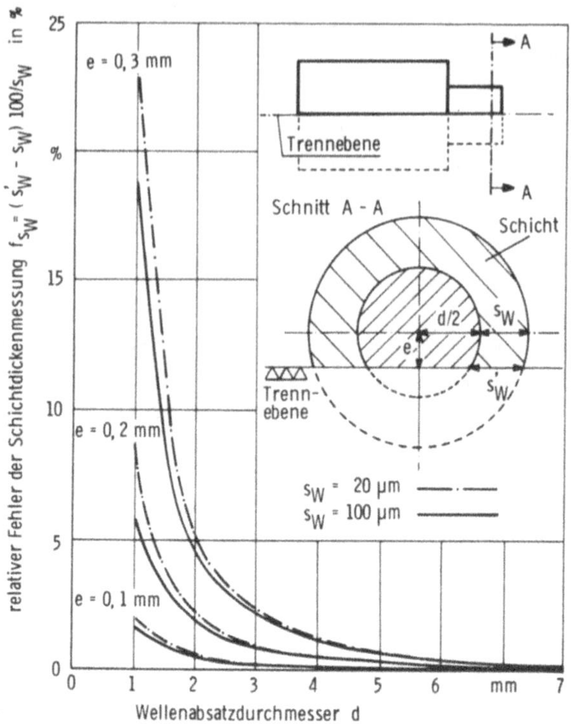

Bild 74: Fehler bei der Schichtdickenmessung im Querschliff durch außermittige Schlifflage

Aus der graphischen Darstellung dieses Meßfehlers für Wellen ist ersichtlich, daß nur bei geringen Wellendurchmessern und hohen, über e = 0,1 mm liegenden Außermittigkeiten relevante Meßfehler entstehen. Die Größe der Schichtdicke wirkt sich nur wenig aus. Die für Bohrungen mit den gleichen Werten entstehenden Meßfehler unterscheiden sich nur wenig von denen bei Wellenabsätzen.

Für die vorliegenden Untersuchungen ist das Anfertigen von Querschliffen aus weiteren Gründen vorteilhaft: Fehler beim Herstellen und Beschichten der Versuchsteile wie zu große Rauheit, fehlerhafte Schicht und Grate (Bild 75) werden erkannt. Außerdem können nur im Querschliff alle unter 3.2.4 genannten Meßwerte ermittelt werden.

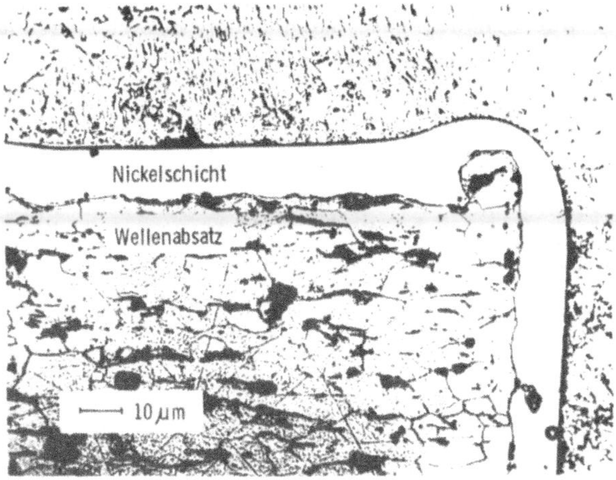

Bild 75: Auswirkung eines Grates an der Wellenabsatzkante bei einer Glanzvernicklung

7.3 Meßaufbau zum Ermitteln der Stromdichte-Potential-Kurven und Einflüsse auf die Meßgenauigkeit

Das Potential der Kathode wird gegenüber einer Bezugselektrode bestimmt, deren Potential in Bezug auf die Normalwasserstoffelektrode bekannt ist. Die Kathode wird mit der Bezugselektrode über eine Elektrolytbrücke (Haber-Luggin-Kapillare) verbunden, deren Öffnung sehr nahe an die Versuchselektrode (Kathode) zu bringen ist / 81 - 83/. Als Bezugselektrode ist eine KCL-gesättigte Kalomelelektrode verwendet worden.

Zum Bestimmen der Stromdichte-Potential-Kurven wird die potentiodynamische Messung nach DIN 50 918 gewählt (Bild 76).

Das Sollpotential der Kathode wird vorgegeben. Es ist eine Funktion der Zeit und wird von einem Funktionsgenerator erzeugt. Dieser gibt den Sollwert in den Potentiostaten ein, der diese Spannung mit der gemessenen Istspannung vergleicht und den durch die Elektrolysezelle fließenden Strom ändert, bis Soll- und Istspannung gleich sind. Die Istspannung wird mit einem Millivoltmotor gemessen und mit Hilfe eines Zweikoordinatenschreibers in Abhängigkeit vom Strom aufgezeichnet.

Wird das Kathodenpotential auf die Normalwasserstoffelektrode und der Strom auf die wirksame Kathodenoberfläche bezogen, erhält man die Stromdichte-Potential-Kurve.

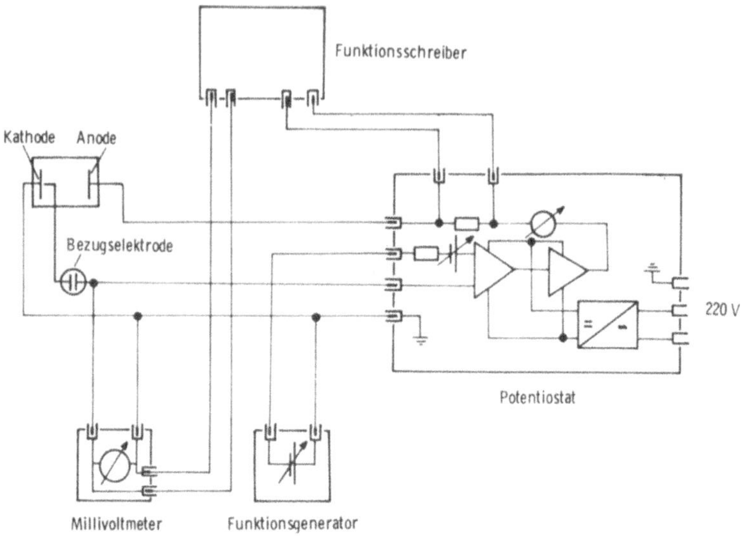

Bild 76 : Schaltschema der Versuchseinrichtung zum Aufnehmen von Stromdichte-Potential-Kurven

Das Bestimmen des Kathodenpotentials erfolgt in einer zylindrischen Meßzelle (Bild 77). In der Mitte der hohlzylindrischen Anode ist ein zylindrischer Stab als Kathode drehbar angeordnet. Außer der Innenfläche sind alle Anodenflächen isoliert. Auf der Unterseite wird die Meßzelle durch eine Kunststoffplatte begrenzt. Am oberen Ende ist eine scheibenförmige Abblendung mit einer Bohrung angebracht. Die Anode hat Bohrungen, um die Haber-Luggin-Kapillare durchzuführen und um einen Austausch mit dem Elektrolyt außerhalb der Meßzelle zu ermöglichen. Die Kathode aus blankgezogenem Rundstahl hat eine Oberfläche von 0,25 dm^2, der Durchmesser beträgt 10 mm. Die Drehung der Kathode zum Erzeugen einer Relativbewegung zwischen Elektrolyt und Werkstück wird durch einen Gleichstrom-Getriebemotor erreicht, der über die angelegte Spannung gesteuert werden kann. Die Drehzahl wird so gewählt, daß die Relativgeschwindigkeit zwischen Kathodenoberfläche und Elektrolyt den Richtwerten für die verwendeten Elektrolyte entspricht. Die Kathode wird über mehrere auf einem Kupferring schleifende Kontaktfedern, die den üblichen Kohlebürsten überlegen sind, mit der Stromquelle verbunden. Außerhalb der Meßzelle befindet sich eine Einrichtung zur Elektrolyterwärmung und Temperaturkonstanthaltung (Temperaturschwankungen: $\Delta T \leq 0{,}5^{o}C$).

Vorteile dieses Versuchsaufbaues sind:

- Weitgehend homogenes elektrisches Feld zwischen Anode und Kathode und damit am oben und unteren Kathodenende nur geringfügig dickere Schichten als in der Mitte.
- Gleichmäßige Strömung entlang der ganzen Kathodenoberfläche.
- Werkstückbewegung ohne Beeinflussen der primären Stromdichteverteilung.
- Gute Einstellbarkeit des Abstands zwischen Haber-Luggin-Kapillare und bewegter Kathode.

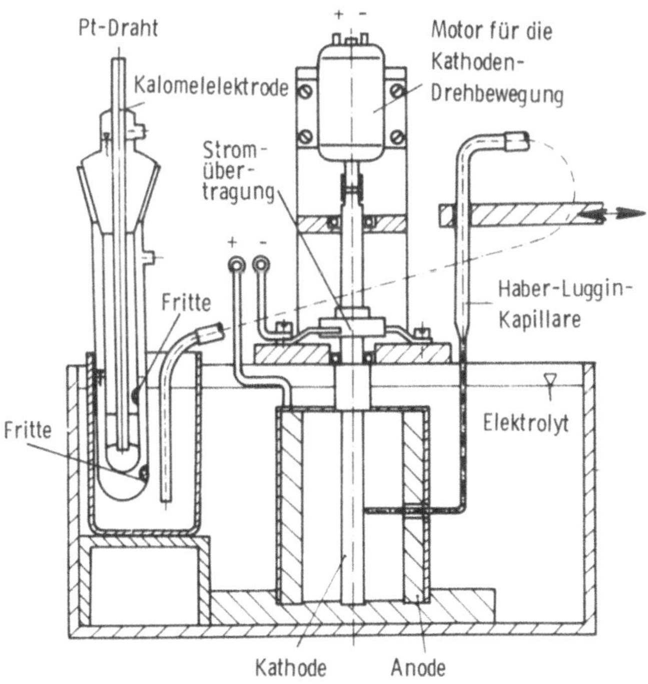

Bild 77: Versuchsaufbau zum Aufnehmen der Stromdichte-Potential-Kurven

Diesen Vorteilen stehen zwei Nachteile gegenüber:

- Die Flüssigkeit in der Zelle beginnt sich nach einiger Zeit mitzudrehen.
- Wird die Kathode exzentrisch zur Drehachse eingespannt, ergibt sich eine Oszillation beim Aufzeichnen der Stromdichte-Potential-Kurve. Die Kurven lassen sich jedoch gut ausmitteln, sofern die Exzentrizität weniger als 0,2 mm beträgt.

Vor Aufnahme der Stromdichte-Potential-Kurve wird die Kathode bei geringer Stromdichte 10 min vorbeschichtet. In Versuchen ist geklärt worden, welchen Einfluß ein Verändern derjenigen Einstellgrößen auf das Meßergebnis hat, die beim Aufnehmen der Kurven nicht absolut konstant gehalten werden können:

- Kapillarenabstand f (Abstand zwischen der Öffnung der Haber-Luggin-Kapillare und der Kathodenoberfläche): Je näher die Kapillare an die Oberfläche herangeführt wird, desto stärker wird das Stromlinienfeld durch die Kapillare verändert. Wählt man den Abstand größer und verringert damit die Abschirmung der Meßstelle, wächst der ohmsche Widerstand der Elektrolytstrecke zwischen Kapillare und Kathodenoberfläche. Die gemessene Polarisation ist in diesem Fall größer als die wirkliche. Da man die Polarisation nicht fehlerfrei messen kann, ist der Abstand so zu wählen, daß die Summe der auftretenden Fehler ein Minimum wird. Untersuchungen haben ergeben /84 /, daß der günstigste Abstand dem dreifachen Außendurchmesser der Kapillare entspricht. Als Abstand ist daher bei einem Außendurchmesser der Kapillare von 1 mm ein Abstand von f = 3 mm zu wählen. Bei einer Einstellgenauigkeit dieses Abstandes von $\Delta f = \pm 0{,}2$ mm ergibt sich nur eine geringe Auswirkung auf den Kurvenverlauf.

- pH-Wert: Die Polarisation sinkt bei Nickelelektrolyten mit abnehmendem pH-Wert (Bild 78). Dies ist dadurch zu erklären, daß sich bei höherem pH-Wert Nickelhydroxid bildet, das als Kolloid die Nickelabscheidung hemmt /85/. Da der pH-Wert der Nickelelektrolyte bei allen Versuchen zwischen pH 4,1 und pH 4,3 gehalten worden ist, sind die pH-Wert-Schwankungen ohne großen Einfluß auf das Versuchsergebnis.

- Elektrolyttemperatur: Mit abnehmender Elektrolyttemperatur T wird die Ionenbeweglichkeit kleiner und die Zähigkeit des Mediums größer; die Polarisation nimmt zu (Bild 79). Gleichzeitig sinkt jedoch die Leitfähigkeit, sodaß eine Temperaturverminderung kein geeignetes Mittel ist, um die Metallverteilung beim Galvanisieren zu verbessern. Außerdem kann sich die Löslichkeit der Salze und die kathodische Stromausbeute vermindern. Die bei der Versuchsdurchführung auftretenden Temperaturschwankungen ($\Delta T \leq 0{,}5°C$) haben keinen nachweisbaren Einfluß auf den Verlauf der Stromdichte-Potential-Kurven.

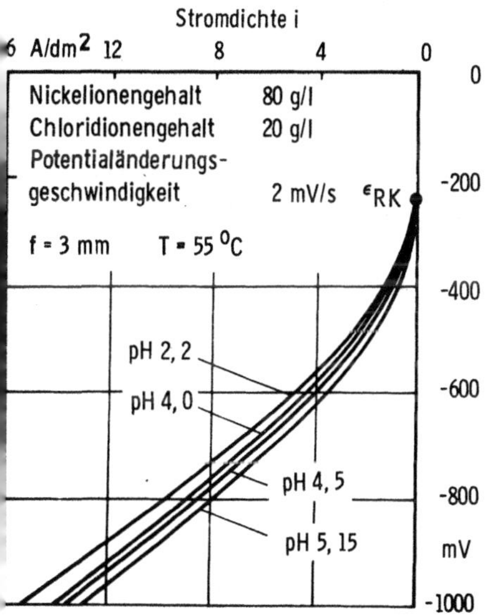

ild 78: Einfluß des pH-Werts auf die Stromdichte-Potential-Kurve von Nickelelektrolyten

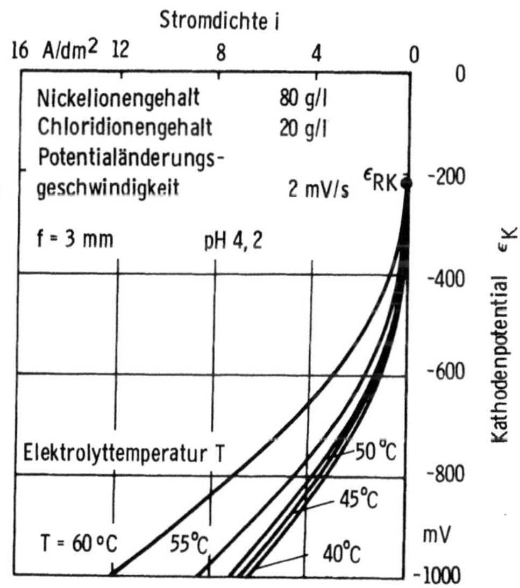

Bild 79: Einfluß der Elektrolyttemperatur

7.4 Vorgehensweisen zum Berücksichtigen der galvanischen Beschichtung beim Festlegen der Vorfertigungstoleranzen (Auswirkung auf die Passung: Wellenabsatz - Bohrung)

Die Beschichtung auf den Paßflächen von Welle und Bohrung kann entweder beim Fertigen des Wellenpaßmaßes oder des Bohrungsmaßes oder beim Fertigen beider Werkstücke berücksichtigt werden. Die Entscheidung, welche Vorgehensweise wirtschaftlicher ist, hängt vom Einzelfall ab:

- Ändern der Bohrungsmaße in der Vorfertigung: Bohrungen werden nach dem Bohren, Lochen oder Feinschneiden meist ausgerieben. Beim Ändern der Bohrungstoleranz müssen daher andere Werkzeuge (z.B. Reibahle, Schneidwerkzeug) benutzt werden. Außerdem ist ein anderer Lehrdorn notwendig, da Bohrungen meist mit Lehren geprüft werden.
- Ändern der Wellenmaße in der Vorfertigung: Wellen werden durch Drehen und durch Schleifen, seltener durch Drehen mit nachfolgendem Glattwalzen gefertigt, sofern nicht Werkstücke aus gezogenem Werkstoff direkt als Paßteil verwendet werden können. Wellen werden mit Rachenlehren, Meßschrauben oder elektrischen Feinzeigern geprüft. Will man die Toleranzlage des Wellendurchmessers ändern, ist dies außer bei gezogenem Halbzeug ohne großen Aufwand durch Ändern der Maschineneinstellung möglich.

Die Vorgehensweise bestimmt das Spiel oder Übermaß der Passung nach dem Fügen.

Drei Vorgehensweisen werden im folgenden dargestellt:

Fall A: Verschieben der von der Konstruktion geforderten Toleranzenfelder von Welle und Bohrung in der Vorfertigung um die jeweils größten zulässigen Paßmaßänderungen (Fertigen nicht normgerechter Paßmaße in der Vorfertigung)

Fall B: Unabhängiges Ändern des Wellen- und des Bohrungsdurchmessers in der Vorfertigung (Fertigen normgerechter Paßmaße in der Vorfertigung)

Fall C: Berücksichtigen der größten zulässigen Paßmaßänderungen von Welle und Bohrung in der Vorfertigung der Welle (Fertigen normgerechter Paßmaße in der Vorfertigung)

Fall A:

Ausgehend von der in der Konstruktionszeichnung geforderten Passung kann das Berücksichtigen der Maßänderung im einfachsten Fall dadurch geschehen, daß Wellen um die größte zulässige Paßmaßänderung Δd_{oW} dünner (Bild 80) und entsprechend Bohrungen um die Paßmaßänderung Δd_{oB} größer gefertigt werden.

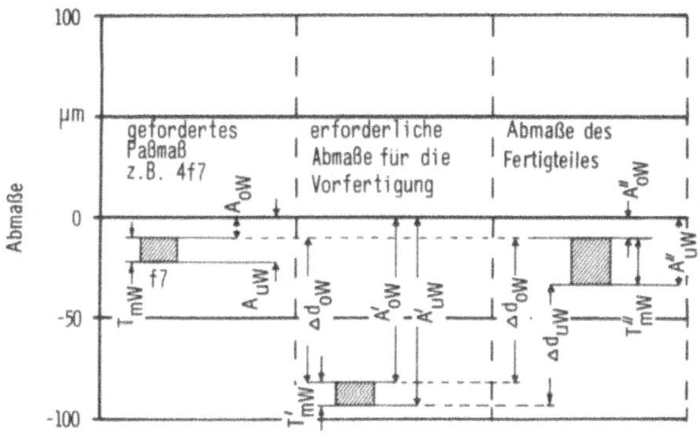

Beispiel: Welle mit Wellenabsatz : d=4 mm ; l=4 mm; $\bar{s}_W$ = 33 µm; Δd_{uW} = 60,5 µm ; Δd_{oW} = 71,5 µm

$A''_{oW} = A_{oW}$

$A''_{uW} - A''_{oW} > A_{uW} - A_{oW}$

da $T_{\Delta dW} > 0$

$T_{\Delta dW}$ = Maßtoleranz der Welle infolge der Fertigungstoleranz beim Beschichten

Bild 80: Verschieben des Toleranzfeldes des geforderten Paßmaßes um die zulässige Paßmaßänderung (Prinzipskizze)

Ein so entstehendes Vorfertigungsmaß mit nicht genormten Abmaßen (A'_{oW}; A'_{uW} bzw. A'_{oB}; A'_{uB}) wirft Probleme für die Fertigungskontrolle auf. Vorteilhaft ist, daß das obere Abmaß der beschichteten Welle dem des geforderten Paßmaßes entspricht. Bei Spielpassungen ist somit das Kleinstspiel der tatsächlich erreichten und der geforderten Passung gleich. Das untere Abmaß wird um die Differenz zwischen der größten und der kleinsten zulässigen Paßmaßänderung vergrößert. Die Maßtoleranz der beschichteten Welle T''_{mW} wird dadurch größer als die des geforderten Paßmaßes. Die Qualität der Passung wird verringert.

Die Maßtoleranz der beschichteten Welle kann verkleinert werden, wenn in der Vorfertigung eine kleinere Maßtoleranz T'_{mW} eingehalten wird, als für das geforderte Paßmaß vorgeschrieben ist.

Das führt jedoch nur dann zum Erfolg, wenn die Toleranz der Paßmaßänderung $T_{\Delta dW}$ nicht größer als die Differenz zwischen der Maßtoleranz des geforderten Paßmaßes T_{mW} und der Toleranz der Vorfertigung T'_{mW} ist:

$$T''_{mW} \leq T_{mW} \text{, wenn } T_{\Delta dW} < T_{mW} - T'_{mW} \qquad (36)$$

In der Vorfertigung kann nur mit großem Aufwand eine Maßtoleranz erreicht werden, die kleiner als die Grundtoleranzreihen IT 6 bzw. IT 7 ist. Die nach dem Beschichten vorliegende Maßtoleranz kann durch Herstellen einer engeren Vorfertigungstoleranz mit der geforderten nur bei mittleren Qualitäten in Übereinstimmung gebracht werden. Werden enge Maßtoleranzen gefordert (z.B. IT 6, IT 7), können diese nicht eingehalten werden, wenn übliche Schichtdicken galvanisch aufgebracht werden.

Eine Verbesserung der Passungsqualität beim Fügen beschichteter Werkstücke ergibt sich, wenn beim Galvanisieren Maßnahmen ergriffen werden, die zu einer Verkleinerung der Streuung der größten Schichtdicke, d.h. zu einer Verminderung der Differenz zwischen der größten und kleinsten zulässigen Paßmaßänderung führen.

Fall B:

Zum Vereinfachen des Fertigungsablaufs in der Vorfertigung ist es zweckmäßig, genormte Paßmaße (DIN 58 700) zu verwenden. Werden Wellen- und Bohrungsdurchmesser unabhängig voneinander korrigiert, ist die größte zulässige Paßmaßänderung der Bohrung zu deren unterem und der entsprechende Wert der Maßänderung der Welle zu deren oberem Abmaß zu addieren. Zu wählen sind dann für die Vorfertigung die normgerechten Toleranzfelder, die einen größeren Abstand zur Nullinie als die jeweilige Summe aufweisen. Der Nachteil dieser Vorgehensweise wird aus Bild 81 ersichtlich: Kleinst- und Größtspiel der sich ergebenden Passung werden größer als bei der geforderten Passung.

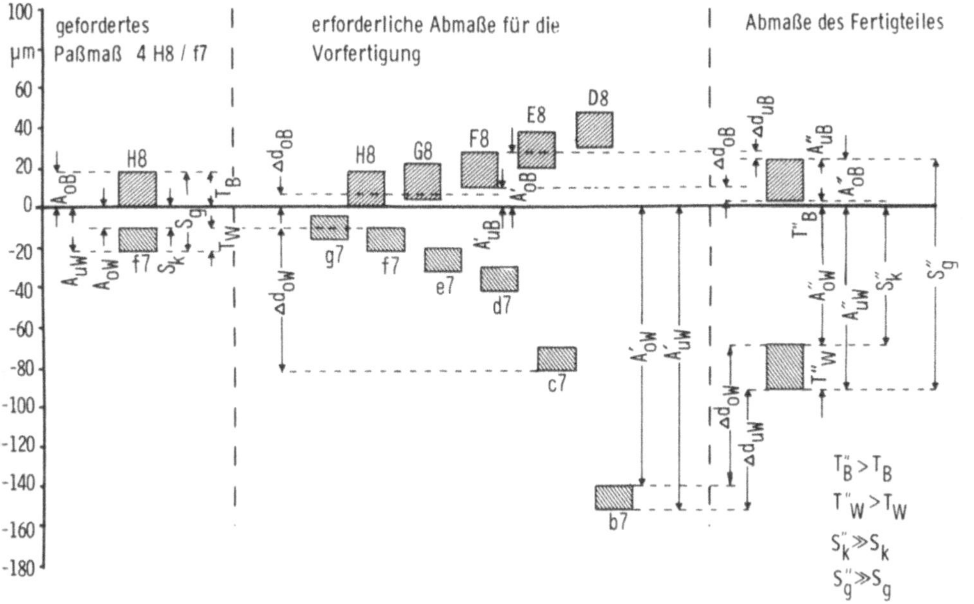

Beispiel : Welle mit Wellenabsatz d = 4 mm; l = 4 mm $\sim \bar{s}_W$ = 33 µm; Δd_{uW} = 60,5 µm; Δd_{oW} = 71 µm

Teil mit Bohrung d_B = 4 mm; l_B = 4 mm; $\sim \bar{s}_B$ = 3 µm; Δd_{uB} =4,5 µm; Δd_{oB} = 7,5 µm

Bild 81: Unabhängiges Ändern des Wellen- und des Bohrungsdurchmessers (Fertigen normgerechter Paßmaße in der Vorfertigung)

Fall C:

Wird nur der Wellendurchmesser unter Beibehalten des Bohrungsmaßes (z.B. Verwenden des Systems "Einheitsbohrung") geändert, erhält man das erforderliche Mindestabmaß der Welle durch Addition der zulässigen Paßmaßänderungen von Welle und Bohrung zum oberen Abmaß des geforderten Wellenpaßmaßes (Bild 82).

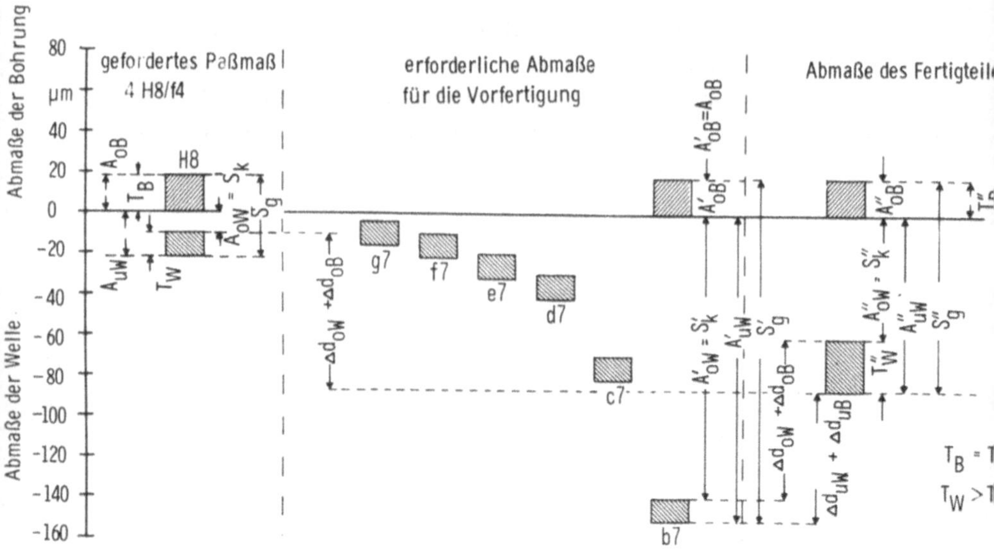

Beispiel: Welle mit Wellenabsatz d = 4 mm; l = 4 mm; $\bar{s}_W$ = 33 µm ; Δd_{uW} = 60,5 µm; Δd_{oW} = 71,5 µm
Teil mit Bohrung d_B = 4 mm; l_B = 4 mm; $\bar{s}_B$ = 3 µm ; Δd_{uB} = 4,5 µm ; Δd_{oB} = 7,5 µm

Bild 82: Berücksichtigen der Maßänderungen von Welle und Bohrung beim Fertigen der Welle

Zum Bestimmen des oberen Abmaßes der Welle im unbeschichteten Zustand, kann ein Nomogramm konstruiert werden, wie es beispielhaft in Bild 83 dargestellt ist (für Spiel- und Übergangspassungen).

Für die Vorfertigung wird das normgerechte Toleranzfeld gewählt, dessen oberes Abmaß größer als das erforderliche Mindestabmaß der Welle ist. Das Mindestabmaß ergibt sich für den Fall C zu:

$$\left| A'_{oWmin} \right| = \left| A_{oW} \right| + \Delta d_{oW} + \Delta d_{oB}$$

Die größte zulässige Paßmaßänderung der Welle Δd_{oW} (Bohrung: Δd_{oB}) wird durch die Häufigkeitsverteilung der Paßmaßänderungen und die zugelassene Ausschußmenge bestimmt (Bild 70, S. 142).

Die Häufigkeitsverteilung ist durch den Mittelwert $\overline{\Delta d_W}$ ($\overline{\Delta d_B}$) und die Standardabweichung $s_{\Delta dW}$ ($s_{\Delta dB}$) gekennzeichnet. Diese Größen können aus der Häufigkeitsverteilung der größten Schichtdicken ermittelt werden:

$$\overline{\Delta d_W} = 2\,\overline{s_W} \quad \text{bzw.} \quad \overline{\Delta d_B} = 2\,\overline{s_B}$$

$$s_{\Delta dW} = \sqrt{2}\,s_{sW} \quad \text{bzw.} \quad s_{\Delta dB} = \sqrt{2}\,s_{sB}$$

Die Mittelwerte der größten Schichtdicke auf der Paßfläche können Diagrammen entnommen werden, die die Abhängigkeit von verschiedenen Einflußgrößen des Galvanisiervorgangs verdeutlichen. Im vorliegenden Fall ist der Einfluß der geometrischen Kenngrößen der untersuchten Paßteile dargestellt. Einflußgrößen sind Länge und Durchmesser des Wellenabsatzes und der Bohrung (Bild 26 und 32).

Die Differenz zwischen dem Mittelwert der Paßmaßänderung und der größten zulässigen Änderung hängt von der Standardabweichung (aus Stichproben ermittelt) und vom zulässigen Ausschußanteil ab:
(unter der Annahme, daß die Schichtdicken normalverteilt sind (Abschnitt 5.2 und 5.3))

$$\Delta d_{oW} - \overline{\Delta d_W} = f(s_{\Delta dW}\,;\,p_{oW}) \quad \text{bzw.} \quad \Delta d_{oB} - \overline{\Delta d_B} = f(s_{\Delta dB}\,;\,p_{oB})$$

Die Differenz wird im Nomogramm mit Hilfe des Wahrscheinlichkeitsnetzes bestimmt und zum Mittelwert Δd_W (Δd_B) addiert, um die größte zulässige Paßmaßänderung zu erhalten.

Der Gebrauch des Nomogramms ist anhand eines Beispieles verdeutlicht. Wird die Welle im Beispiel mit der Toleranz b 7 gefertigt, nehmen das Kleinst- und das Größtspiel der Passung nach dem Beschichten größere Werte an, als gefordert worden ist. Ein Fertigen der Welle mit der Toleranz c 7 hat jedoch einen größeren Ausschußanteil zur Folge.

Soll der Einfluß anderen Einflußgrößen beim Galvanisieren berücksichtigt werden, sind die verwendeten Darstellungen des Mittelwertes der Paßmaßänderungen durch andere zu ersetzen (z.B. Bild 63 und 64).

Bild 83: Erforderliche obere Abmaße unbeschichteter Wellen, wenn die zugehörigen Bohrungen nach dem System Einheitsbohrung hergestellt werden. Glanznickelbeschichtung; Sollschichtdicke 12 μm (übrige Bedingungen siehe Seite 119).

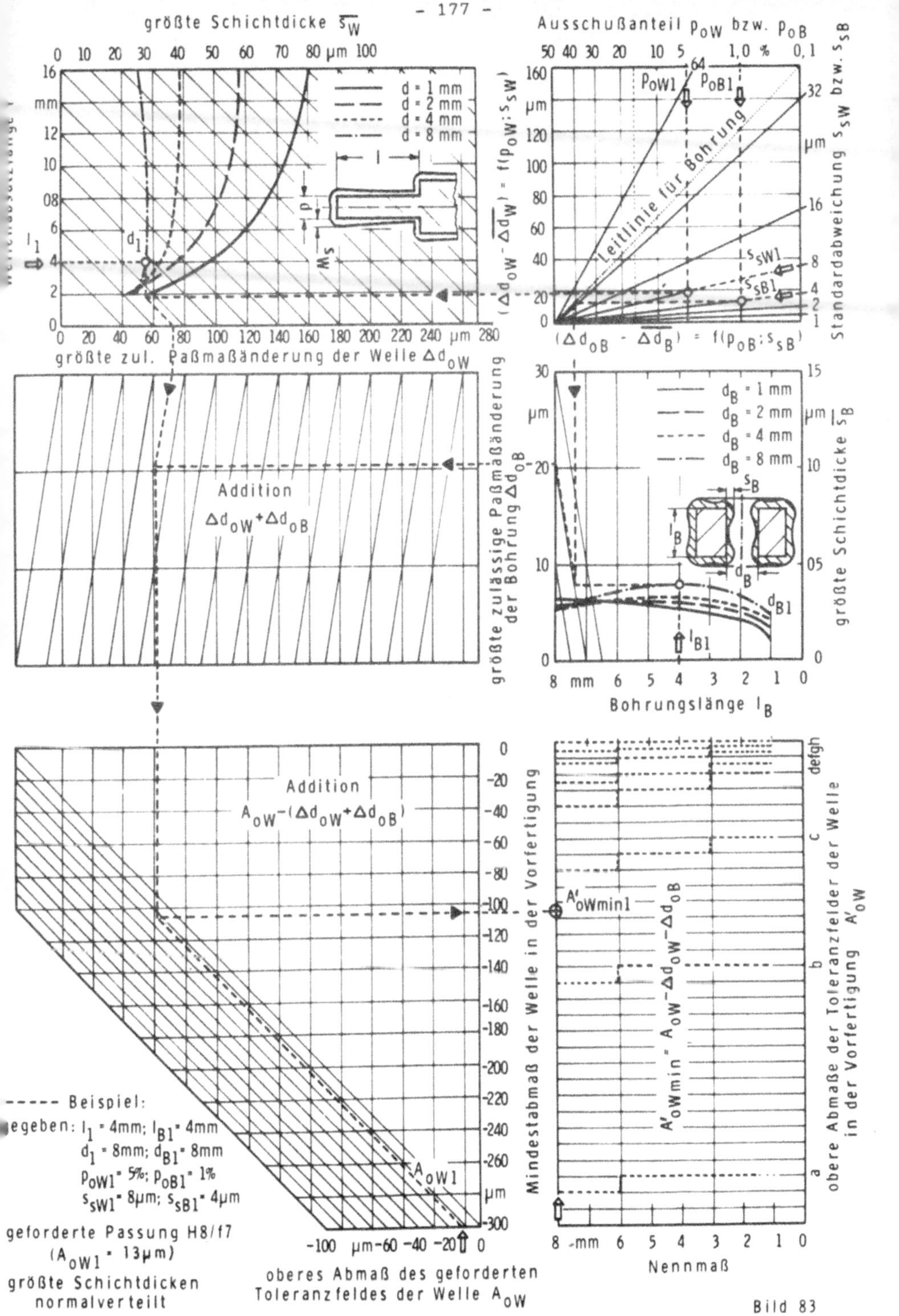
größte Schichtdicke $\overline{s_W}$
0 10 20 30 40 50 60 70 80 µm 100
d = 1 mm
d = 2 mm
d = 4 mm
d = 8 mm
l
d
s_W
d_1
l_1
0 20 40 60 80 100 120 140 160 180 200 220 240 µm 280
größte zul. Paßmaßänderung der Welle Δd_{oW}
Ausschußanteil p_{oW} bzw. p_{oB}
50 40 30 20 10 5 1,0 % 0,1
$(\Delta d_{oW} - \overline{\Delta d_W}) = f(p_{oW}; s_{sW})$
p_{oW1}
p_{oB1}
Leitlinie für Bohrung
s_{sW1}
s_{sB1}
$(\Delta d_{oB} - \overline{\Delta d_B}) = f(p_{oB}; s_{sB})$
Standardabweichung s_{sW} bzw. s_{sB}
Addition
$\Delta d_{oW} + \Delta d_{oB}$
größte zulässige Paßmaßänderung der Bohrung Δd_{oB}
d_B = 1 mm
d_B = 2 mm
d_B = 4 mm
d_B = 8 mm
s_B
l_B
d_B
d_{B1}
l_{B1}
größte Schichtdicke $\overline{s_B}$
8 mm 6 5 4 3 2 1 0
Bohrungslänge l_B
Addition
$A_{oW} - (\Delta d_{oW} + \Delta d_{oB})$
A_{oW1}
-100 µm -60 -40 -20 0
oberes Abmaß des geforderten Toleranzfeldes der Welle A_{oW}
Mindestabmaß der Welle in der Vorfertigung
A'_{oWmin1}
$A'_{oWmin} = A_{oW} - \Delta d_{oW} - \Delta d_{oB}$
a b c defgh
obere Abmaße der Toleranzfelder der Welle in der Vorfertigung A'_{oW}
8 mm 6 5 4 3 2 1 0
Nennmaß
----- Beispiel:
gegeben: l_1 = 4mm; l_{B1} = 4mm
d_1 = 8mm; d_{B1} = 8mm
p_{oW1} = 5%; p_{oB1} = 1%
s_{sW1} = 8µm; s_{sB1} = 4µm
geforderte Passung H8/f7
(A_{oW1} = 13µm)
größte Schichtdicken normalverteilt

Bild 83

Stufenweise Ableitung eines praktischen Planungssystems für den Entwicklungsbereich
Von R. Hichert. ISBN 3-7830-0149-8.
1978, 151 Seiten, kartoniert. 52,— DM

Produktionsplanung mit Auftragsfamilien
Von U. W. Geitner. ISBN 3-7830-0161.7.
1979, 110 Seiten, kartoniert. 45,— DM

Thermisch-chemisches Entgraten
Von T. Wagner. ISBN 3-7830-0164-1.
1979, 111 Seiten, kartoniert. 45,— DM

Untersuchung der Materialflußkosten bei ausgewählten Systemen der Zentralen Arbeitsverteilung
Von R. Wenzel. ISBN 3-7830-0162-5.
1979, 168 Seiten, kartoniert. 86,— DM

Anpassung und Einführung eines Planungssystems für die Ablaufplanung im Konstruktionsbereich
Von W. Dangelmaier. ISBN 3-7830-0163-3.
1979, 168 Seiten, kartoniert. 80,— DM

Längenmessungen an bewegten Teilen mit berührungslos wirkenden Aufnehmern
Von H. Lang. ISBN 3-7830-0157-9.
1979, 89 Seiten, kartoniert. 42,— DM

Untersuchung multistabiler Strömungselemente und ihr Einsatz in sequentiellen Steuerungen
Von A. Ernst. ISBN 3-7830-0157-9.
1979, 122 Seiten, kartoniert. 48,— DM

Taktile Sensoren für programmierbare Handhabungsgeräte
Von M. Schweizer. ISBN 3-7830-0158-7.
1979, 91 Seiten, kartoniert. 42,— DM

Die rechnerunterstützte Prüfplanung
Von P. Bläsing. ISBN 3-7830-0152-8.
1979, 100 Seiten, kartoniert. 44,— DM

Verfahren zur Fabrikplanung im Mensch-Rechner-Dialog am Bildschirm
Von W. Ernst. ISBN 3-7830-0156-0.
1979, 218 Seiten, kartoniert. 72,— DM

Rechnerunterstütztes Verfahren zur Leistungsabstimmung von Mehrmodell-Montagesystemen
Von M. Görke. ISBN 3-7830-0155-2.
1979, 139 Seiten, kartoniert. 50,— DM

Standortbezogene Betriebsmittel
Von G. Pflieger. ISBN 3-7830-0167-6.
1979, 127 Seiten, kartoniert. 52,— DM

Die betriebswirtschaftliche Beurteilung neuer Arbeitsformen
Von B.-H. Zippe. ISBN 3-7830-0168-4.
1979, 350 Seiten, kartoniert. 98,— DM

Untersuchung des Arbeitsverhaltens programmierbarer Handhabungsgeräte
Von B. Brodbeck. ISBN 3-7830-0169-2.
1979, 117 Seiten, kartoniert. 48,— DM

Untersuchung eines kohärent-optischen Verfahrens zur Rauheitsmessung
Von N. Rau. ISBN 3-7830-0174-9.
1979, 117 Seiten, kartoniert. 48,— DM

Entwicklung einer programmierbaren, pneumatischen Steuerung
Von D. Klemenz. ISBN 3-7830-0171-4.
1979, 93 Seiten, kartoniert. 42,— DM

IPA Forschung und Praxis

Berichte aus dem Fraunhofer-Institut für Produktionstechnik und Automatisierung, Stuttgart, und dem Institut für Industrielle Fertigung und Fabrikbetrieb der Universität Stuttgart

Herausgeber: Prof. Dr.-Ing. H. J. Warnecke

38 **Arbeitsgangterminierung mit variabel strukturierten Arbeitsplänen — Ein Beitrag zur Fertigungssteuerung flexibler Fertigungssysteme**
Von U. Maier. ISBN 3-540-10213-2.
1980, 111 Seiten mit 45 Abbildungen. 43,— DM

39 **Kapazitätsabgleich bei flexiblen Fertigungssystemen**
Von P. S. Nieß. ISBN 3-540-10372-4.
1980, 151 Seiten mit 57 Abbildungen. 48,— DM

40 **Schichtdickenverteilung auf galvanisierten Paßteilen am Beispiel kleiner abgesetzter Wellen und Bohrungen**
Von D. Wolfhard. ISBN 3-540-10373-2.
1980, 177 Seiten mit 83 Abbildungen. 48,— DM

41 **Planung von Mehrstellenarbeit unter Berücksichtigung von Umfeldaufgaben**
Von S. Häußermann. ISBN 3-540-10374-0.
1980, 136 Seiten mit 59 Abbildungen. 48,— DM

42 **Untersuchungen zur Schmierfilmdicke in Druckluftzylindern — Beurteilung der Abstreifwirkung und des Reibungsverhaltens von Pneumatikdichtungen mit Hilfe eines neu entwickelten Schmierfilmdicken-meßverfahrens**
Von R. Köhnlechner. ISBN 3-540-10375-9.
1980, 100 Seiten mit 38 Abbildungen und 4 Tabellen. 43,— DM

43 **Typologie zum überbetrieblichen Vergleich von Fertigungssteuerungsverfahren im Maschinenbau**
Von G. Rabus. ISBN 3-540-10376-7.
1980, 174 Seiten mit 88 Abbildungen und 21 Tafeln. 48,— DM

44 **System zur Planung des Umlaufbestandes in Betrieben mit Serienfertigung**
Von K.-G. Wilhelm. ISBN 3-540-10377-5.
1980, 142 Seiten mit 67 Abbildungen und 15 Tafeln. 48,— DM

Die Berichte 38 und folgende sind zu beziehen durch den Springer-Verlag, Berlin Heidelberg New York

GPSR Compliance

The European Union's (EU) General Product Safety Regulation (GPSR) is a set of rules that requires consumer products to be safe and our obligations to ensure this.

If you have any concerns about our products, you can contact us on ProductSafety@springernature.com

In case Publisher is established outside the EU, the EU authorized representative is:

Springer Nature Customer Service Center GmbH
Europaplatz 3
69115 Heidelberg, Germany

Batch number: 10682421

Printed by Printforce, the Netherlands